그럼에도
개를 키우려는

당신에게 —

그럼에도
개를 키우려는

당신에게 —

헤다

16살, 형욱이

⬠

반려견 훈련소에 입소하던 날이 생각납니다.

    1999년 12월 24일. 이날은 제가 훈련사가 되겠다며 공식적으로 집을 나간 날입니다. 당시 저는 중학교 3학년, 16살이었습니다. 어머니께는 이미 몇 달 전에 통보를 해 둔 상태였습니다. 하지만 좀 더 예의를 갖춰 말씀드리고 싶었기에 분당 미금역에 있는 2001아울렛 푸드코트로 어머니를 모시고 갔습니다. 어머니가 좋아하시는 냉면과 제가 좋아하는 햄버거를 주문한 뒤 저는 최대한 공손하게 말씀드렸습니다.

    "저, 훈련소 들어가고 싶어요."

    어머니가 아무 대답 없이 눈물을 훔치시는 동안 애꿎은

햄버거만 바라봤던 기억이 납니다. 잠시 후 어머니는 제게 어서 햄버거를 먹으라는 손짓을 하시며 이렇게 말씀하셨습니다. "내가 너한테 해 준 게 없으니 도저히 말릴 수가 없구나…."

중학교 졸업을 목전에 둔 겨울방학. 그 어린 나이에 저는 반려견 훈련소에 들어가기로 마음을 먹었던 것입니다. '반려견'이라는 말도 없던 시절이라 사람들은 그곳을 '개 훈련소' 혹은 '애견 훈련소'라 불렀습니다. '애견숍'이나 '반려동물 용품점' 같은 말도 당연히 없었습니다. 가끔가다 '애견 센터' 정도가 눈에 띌 뿐이었습니다.

왜 12월 24일이었을까? 왜 꼭 크리스마스이브여야 했을까?

이유는 잘 기억이 나지 않네요. 성탄절 연휴를 보내고 갔어도 됐을 텐데, 왜 꼭 그날 집을 떠나야 했는지…. 엎친 데 덮친 격으로 그날은 눈이 정말 많이 내렸습니다. 크리스마스이브에 눈이 왔다고 하니 낭만적으로 들릴 수도 있겠지만, 저희 집엔 자동차가 없었기에 저를 훈련소까지 데려다 줄 사람은 아무도 없었습니다. 네, 저희 집은 무척 가난했습니다.

그날 저는 옷가지와 늘 끼고 살다시피 하던 개 관련 책을 챙겨 수원행 버스에 올랐습니다. 하지만 무섭게 내리는 폭설에 버스는 결국 멈추었고, 사람들은 버스에서 내려 걷기 시작했습니다. 지금 생각해 보면, 당시 버스가 멈춰 섰던 곳은 아마도 죽전쯤이 아닌가 싶습니다. 그날 전 그곳에서 영통에 있던 훈련소까지 걸어갔습니다. 눈밭에 발이 푹푹 빠지고, 신발이 온통 다 젖고, 손발이 얼어붙는 것 같았지만, 반려견 훈련소에 들어간다는 생각만으로도 어린 저는 그저 행복했습니다.

훈련사가 되고 싶었던 특별한 이유 같은 건 없었습니다. 참, 11살 때부터 유기견 봉사 활동을 했는데, 그때 좋은 수의사 선생님들과 미용 봉사하시는 분들을 많이 만났습니다. 어린 나이에도 훈련사들이 대학생 누나들한테 인기가 제일 많은 것처럼 보였는데, 그게 이유라면 이유일 수도 있겠네요. 암튼, 훈련사들이 잘생긴 셰퍼드Shepherd를 데리고 훈련하는 모습은 정말 멋져 보였습니다.

어머니는 어릴 적부터 제가 개를 좋아한다는 걸 아셨던 것 같습니다. 허구한 날 개 관련 잡지들만 보며 지냈거든요. 잡지에 나온 개 사진을 모아 두었다가 좋아하는 친구들에게 선물하기도 했습니다. 어머니는 이런 저를 많이 걱정하셨습니다. 혹시라도 나중에 '개꾼'이 되는 건 아닌가 하고 말이죠.

"네 아빠처럼 개가 좋다고 개만 보다가, 개꾼이 되면 어쩌려고 그래!"

저는 이 말씀이 아직도 생생합니다. 이런 걱정 때문인지 어머니는 제가 개에 대한 책을 보고 있으면 뺏어서 버리셨습니다. 뺏기지 않으려고 책을 상자에 몰래 숨겨 두었는데 어떻게 아셨는지 그것도 찾아내 버리셨습니다. 그 사실을 안 저는 온 동네 고물상을 뒤지며 어머니가 버린 책들을 찾아다녔습니다. 세상 물정 모르던 저는 그저 고물상에 가면 제 책이 있을 줄로만 알았습니다. 이 모든 게 제 나이 8~9살 때 일입니다.

저희 집은 늘 불안했습니다. 가난했고, 화목하지 않았습니다. 아버지와 어머니가 매일 싸웠기에 어린 저는 하늘에 있는 누군가를 향해 부모님이 싸우지 않게 해 달라고 매일 기도했습니다. 저는 어머니가 우리 형제를 두고 떠나 버릴까 봐 두려웠습니다. 한번은 아버지가 어머니에게 우리 형제를 보육원에 보내 버리면 되지 않냐고 소리치는 걸 들은 적도 있습니다. 그런 아버지를 향해 어머니는 어떻게 그런 소리를 할 수 있냐고 울부짖었습니다. 당시 아버지는 애견 센터를 하고 계셨는데, 가끔 유난히 약하고 아픈 강아지들을 집으로 데려오곤 하셨습니다. 그 어두운 시절을 저는 아버지가 데리고 온 강아지들을 보살피며 버텼습니다. 그렇게 작은 생명에게 기대어 위로를 받았던 것입니다.

　돌이켜 보니, 제가 훈련사가 된 이유는 결국 살기 위해서였던 것 같습니다. 저는 제가 받고 싶은 보살핌을 그때 그 어리고 약한 강아지들에게 그대로 베풀어 주었습니다. 하지만 그 행동을 통해 치유를 받은 건 강아지들이 아니라 바로 제 자신이었습니다. 제가 받고 싶은 사랑을, 제가 받고 싶은 보살핌을 강아지들에게 베푸는 순간, 저 또한 사랑과 보살핌이 주는 따스함을 고스란히 느낄 수 있었던 것입니다.

　사람들 사이에 들어가고 싶었지만, 들어갈 수 없었습니다. 친구들과도 친해지고 싶었지만, 쉽지 않았습니다. 당시 10살밖에 안 되는 나이에도 저는 이미 400여 개에 달하는 견종들의 이름과 성격, 특징 등을 모두 외우고 있었습니다. 주변 사람들에게 이런 이야기를 하면 그들이 저를 인정해 주는 것 같아 기분이 무척 좋았습니다. 생각해 보면, 11살 때 유기견 봉사 활동을 하러 다녔던 것도 유기견들을 돕고 싶어서가 아니라, 그곳에 가면 사람들이 기특하다고 칭찬해 주고 친절히 대해 주었기 때문이 아닌가 싶습니다. 물론 저는 개를 무척 좋아했지만, 어쩌면 개를 좋아하는 것만이 제가 살아갈 수 있는 유일한 방법이었는지도 모릅니다.

반려견 훈련사로 산다는 건 제게 단지 생계를 해결하기 위한 방편만은 아닙니다. 어렸을 때부터 저는 반려견 훈련사야말로 정말 대단한 직업이라 생각했고, 그 생각은 지금도 변함없습니다. 어린 시절 저는 좋은 훈련사가 되기 위해선 노력을 굉장히 많이 해야 한다고 생각했습니다. 그리고 이유는 잘 모르겠지만 그 노력은 무척 힘든 것이어야 한다고 생각했습니다. 그래서인지 훈련소에 들어간 후부터는 누구보다 일찍 일어났고, 가장 오랫동안 일했습니다. 그리고 짬이 날 때마다 훈련 연습에 매진했습니다.

훈련소에서는 아침에 일어나면 먼저 견사犬舍에 있는 개들을 화장실에 보내 주어야 했습니다. 간혹 어떤 개들은 자신의 차례가 올 때까지 기다리지 못하고 견사 안에다 배변을 하기도 했습니다. 그래서 저는 어떤 개가 유독 배변을 잘 못 참는지 알아낸 뒤 아침이 되면 그 순서대로 화장실에 보내 주었습니다. 그러던 어느 날, 배변을 잘 참던 녀석이 그만 견사 안에 배변을 하고 말았습니다. 녀석이 왜 실수를 한 것인지 저는 그 이유가 미치도록 궁금했습니다. 그 이유를 찾기 위해 그날 저녁 저는 견사에 들러 개들의 상태를 확인했습니다. 그 순간 견사 한쪽에서 누군가 전화를 하는 소리가 들렸습니다. 알고 봤더니 한 훈련사가 견사에서 여자 친구랑 전화를 하고 있었습니다. 그 형이 전화를 하면서 견사에 있던 반려견들을 예뻐해 주자, 이를 본 몇몇 개들은 견사 밖으로 나오고 싶어 했습니다. 사람들과 어울리는 걸 좋아하는 개들일수록 견사 생활을 힘들어하는데, 밤늦게 몰래 견사에 와서 전화를 하는 훈련사를 보며 그가 자신들에게 말을 건네고 있는 걸로 오해를 했던 겁니다.

그런데 문제는 다른 데서 터졌습니다. 제가 앞으로 견사에서는 전화 통화를 하지 말아 달라고 부탁하자 그 형은 발끈하며 화를 냈습니다. 결국 그날 저는 그 형과 심하게 싸웠고, 이후 '싸가지'라는 별명까지 얻게 되었습니다. 그 '싸가지'는 견사에서 침을 뱉거나 담배를 피는 것도 용납하지 않았습니다. 19살 때쯤, 견사에서 담배를 피던 훈련사와 실랑이를 벌인 적도 있습니다. 아무리 부탁을 해도 그 훈련사가 담배를 끄지 않자 저는 맨손으로 담배를 움켜쥐며 두 번 다시 내 견사에 들어오면 죽여 버릴 거라고 소리를 질렀습니다.

당시 반려견 훈련소는 엉망이었습니다. 개를 때리는 것은 흔한 일이었고, 툭하면 개들을 방치했습니다. 개를 나 자신과 동일시하던 저는 그때마다 항상 나서서 싸웠습니다. 그렇게 저는 훈련소에서 '싸가지'이자 '밉상'이 되었습니다. 말은 제일 안 들었지만, 일은 제일 잘했습니다. 누구보다 일찍 일어났고, 가장 늦게 잠자리에 들었습니다. 항상 책을 읽으며 개에 대해 공부했습니다. 그래서인지 싸가지도 없고 나이도 어렸지만, 그 누구도 저를 우습게 보지 않았습니다.

재밌는 이야기도 있습니다. 저는 17살이 되던 해부터 사람들에게 군대에 다녀온 사람처럼 행세했습니다. 정말 슬프게도 아무도 저를 17살로 보지 않았고, 보호자들도 전부 제게 존댓말을 썼습니다. 진짜 제 나이를 알게 되면 그분들이 충격을 받을까 봐 군대에 다녀온 훈련사들한테 군대 이름을 물어본 다음, 강원도 화천에 있는 27사단 이기자 부대에서 복무한 뒤 반려견 훈련소에 들어왔다고 아주 자세하게 거짓말을 했습니다. 한번은 보호자에게 진짜 제 나이를 말씀드렸다가 끝까지 믿지 않으셔서, 농담이라고 하며 그냥 넘어간 적도 있습니다.

그때 저는 훈련사로 살아가는 것이 무척 즐거웠습니다. 제가 보살피고 교육시켰던 반려견이 집으로 돌아가 잘 사는 모습을 볼 때면 더할 나위 없이 행복했습니다. 가끔 퇴소한 반려견들이 잘 지내는지 궁금해 연락을 드리면 보호자분들께선 정말 반갑게 맞아 주었습니다. 그럴 때면 보호자들이 그간 궁금했던 것을 질문하기도 했는데, 그렇게 반려견에 대해 질문을 받고 답을 하는 것조차 저에게는 무척 행복한 일이었습니다.

물론 지금도 반려견에 대한 질문을 받는 건 행복한 일입니다. 하지만 그 시절 그 마음과는 비교조차 할 수 없습니다. 16살, 17살의 훈련사 형욱이는 정말 날아갈 것처럼 행복했습니다. 나 자신이 뭔가를 알고 있다는 게, 누군가 제게 질문을 한다는 게, 그리고 제가 답을 해 드리면 감사하다고 말씀해 주시는 게, 그 모든 게 제겐 무한한 기쁨이었습니다.

어머니는 4년 전 췌장암으로 돌아가셨습니다. 돌아가시기 전 의식 없이 누워 계시던 어머니께 처음으로 이런 말씀을 드렸습니다.

"엄마, 우리를 포기하지 않아 줘서 고마워요. 엄마가 없었다면, 나도 형준이도 없었을 거야. 혼자 우리 형제를 키우느라 너무 고생 많으셨어요."

가끔 제가 스스로 훈련사라는 직업을 선택한 게 아닌 것 같다는 생각이 듭니다. 그냥 그렇게 운명적으로 정해져 있던 것처럼 느껴집니다. 이유야 어찌 되었든, 훈련사가 된 것에 그저 감사할 따름입니다. 만약 신이 있어 제게 훈련사라는 일을 허락해 준 것이라면, 그 신에게도 감사하다는 말씀을 전하고 싶습니다.

제가 훈련사가 될 수 있도록 허락해 주셔서 감사합니다.

2025. 01.

훈련사 강형욱

차례

2021년 1월, '바로'에게는 너무나 많은 유혹이
있었던, 가평 집 뒷산

Part_1

어느 날, 사고가 났습니다

자신이 키우는 개가 위험하다는 것을

절대 인정하지 않는 사람들이 있습니다.

개는 산책과 운동이 필요한데,

자신은 같이 운동할 힘도 그럴 여유도 없으니

너 혼자 놀다 오라면서

그냥 개를 풀어놓는 사람들이 아직까지 있습니다.

그런데 그 개가 다른 개나 사람을 공격한다면

이후엔 절대로 풀어놓으면 안 됩니다.

하지만 이런 상식적인 생각도 하지 못하는 사람들이

여전히 있습니다.

투견을 한 마리
구하고 싶습니다

⬠

"강훈련사님, 투견을 구하려면 어떻게 해야 합니까?"

어느 날, 저희 반려견 센터로 한 보호자가 연락을 하셨습니다. 전화를 받은 직원에게 저와 통화를 하고 싶으니 말을 좀 전해 달라 부탁하셨답니다. 어떤 분인가 하고 찾아보니, 마침 제가 잘 아는 보호자였습니다. 노인이라 하기에는 젊어 보이는, 서울의 한 초등학교에 교장 선생님으로 계시는 분이셨습니다. 훈련 상담을 위해 제가 그분의 집에 방문한 적도 있었고, 부부가 함께 저희 반려견 센터에서 교육을 받으신 적도 있었기에 기억에 남았던 분이었습니다. 저는 직업이 반려견 훈련사인데도, 저를 부를 때 '선생님'이라는 호칭을 쓰는 보호자들이 많습니다. 근데 막상 교장 선생님께서 저를 선생님이라 불러 주시니 그때마다 무척 민망스러웠습니다. 기르고 있는 반려견 두 마리에게 온갖 정성을 쏟으시는 걸 보며 무척이나 다정하고, 생각 또한 열려 있는 분이라는 걸 알 수 있었습니다. 그래서인지 시간이 꽤 흘렀음에도 그분에 대한 좋은 기억들이 많이 남아 있었습니다.

그분이 전화를 하셨다는 말에 저는 너무 반가웠습니다. 사실 제가 반려견 훈련사로 일하고 있긴 하지만 반려견을 대하는 것보다 보호자들을 대하는 것이 늘 몇 배는 더 힘듭니다. 그러다 보니 제 나름대로 기분 전환하는 방법을 찾았는데, 그건 바로 마음이 잘 통하는 보호자들하고 이야기를 나누는 것입니다. 그런 분들하고 이야기를 하다 보면 기분 전환만 되는 게 아니라 용기까지 얻게 됩니다. 훈련사 일을 하다 보면 보호자들한테 상처를 받을 때도 있기 마련인데, 인품 좋고 마음이 잘 통하는 보호자들을 만나면 그 힘든 기억들이 전부 잊히곤 했습니다. 그래서 종종 그런 보호자들께 연락을 드려 수다를 떨곤 했는데, 그분도 그런 보호자 중 한 분이셨습니다.

"잘 지내셨어요? 너무 오랜만이네요. 집은 다 지으셨나요?"

그럼에도 개를 키우려는 당신에게

은퇴를 계획하고 계시던 그분은 마침 양평에다 집을 짓고 계셨습니다.

"네, 훈련사님도 잘 지내시죠? 방송 잘 보고 있습니다. 이제는 너무 유명해지셔서 연락 드리는 게 죄송하더라고요." 그러고 보니 그분은 제 개인 연락처를 알고 있음에도 저를 방해하지 않으려고 센터로 연락을 하셨던 거였습니다. 안부 인사가 끝나자 그분은 무거운 목소리로 이런 질문을 하셨습니다. "훈련사님, 참 죄송스러운 질문인데요. 혹시 투견 같은 개들은 어디서 구하나요?"

예상하지 못했던 말에 한동안 저는 시답지 않은 소리만 지껄였습니다. 근데 그분이 키우고 있던 반려견은 분명 프렌치불도그French Bulldog와 몰티즈Maltese였습니다. 그중 프렌치불도그가 힘이 좋아서 산책할 때마다 줄을 심하게 당겼기에 제가 산책 훈련을 도와드렸던 겁니다. 그리고 함께 키우는 몰티즈 친구는 나이만 많을 뿐 큰 문제는 없었습니다. 그저 엄마 뒤를 졸졸 따라다니면서 무릎에 올라가려고 노력하던 평범하고 애교 많은 친구였을 뿐입니다. 그런데 갑자기 투견을? 그것도 구하고 있다는 건 무슨 말일까?

"선생님, 투견이라면 핏불테리어American Pit Bull Terrier나 도사견Tosa 같은 견종을 말씀하시는 건가요? 강아지를 새로 입양하시려고요?"

"아닙니다. 저는 강아지가 아니라 싸움 잘하는 투견을 찾고
있습니다."

"음…, 혹시 이유를 여쭤봐도 될까요?"

이야기를 다 들은 저는 화가 머리끝까지 치솟았습니다.
아무 상관도 없는 저마저 너무 억울해서 가슴이 답답해졌습
니다. 그리고 왜 그분이 그런 생각까지 하게 되었는지 너무
이해가 갔습니다.

그분은 은퇴 후 오래전부터 꿈꾸어 오던 전원생활을 하
기 위해 이것저것 준비를 하고 계셨습니다. 몇 년 전엔 양평
에 땅을 사서 천천히 집도 짓고 계셨습니다. 평일에는 서울에
서 지내고, 주말에는 양평에 내려가 반려견 두 마리와 행복한
시간을 보냈습니다. 그런데 어느 날, 그 일이 터졌습니다. 남
편분이 외출한 사이 아내분은 집 안 청소를 하느라 반려견들
을 마당에 풀어놓았다고 합니다. 아내분은 반려견들이 마당
에서 뛰어노는 모습을 유독 좋아하셨습니다. 예전에 저희 센터
에서 교육을 받으실 때도 자신의 반려견이 다른 친구들하고
신나게 뛰어노는 모습을 흐뭇하게 바라보곤 하셨습니다. 그
모습이 너무 보기 좋아서 저 친구는 살만 좀 빼면 더 잘 뛰어
놀 거라고 제가 농담을 했던 기억도 납니다.

그럼에도 개를 키우려는 당신에게

근데 아내분이 청소를 하는 동안 마당에서 끔찍한 일이 벌어지고 말았습니다. 동네에 사는 개 두 마리가 마당 울타리를 넘어 들어와 놀고 있던 반려견들을 공격했던 겁니다. 그 모습을 본 아내분이 급하게 달려 나갔지만 너무 무서워서 그 개들을 말릴 수가 없었다고 합니다. 그 개들은 먼저 몰티즈를 물어 죽인 다음 다시 프렌치불도그의 목을 물어뜯고 달아났습니다. 아내분이 받은 충격은 이루 말할 수 없을 정도였습니다. 나중에 마당이 딸린 집이 생기면 넓은 잔디밭에서 반려견들을 신나게 뛰어놀게 해 주고 싶다고 노래를 부르시던 분이었는데, 그런 꿈 같은 공간에서, 자신이 두 눈을 뜨고 지켜보고 있는 상황에서 반려견들이 공격을 당했던 겁니다.

몰티즈는 몸이 갈기갈기 찢긴 채 그 자리에서 숨졌고, 프렌치불도그는 그나마 숨이 붙어 있어 가까운 동물 병원으로 데려갔습니다. 하지만 도착하고 얼마 지나지 않아 프렌치불도그도 숨지고 말았습니다. 이 소식을 듣고 달려온 남편분은 말할 수 없는 슬픔에 빠져 하루 종일 눈물만 흘렸습니다. 태어나서 그렇게 많이 울었던 적은 없던 것 같다고 하셨습니다.

두 반려견의 장례를 치르고, 대체 어떤 개들이 이런 짓을 저지른 것인지 알아보니 예전부터 알고 있던 개들이었습니다. 마을 꼭대기에 있는 집에서 키우는 개들이었는데, 항상 풀어놓고 키워서 평소에도 산책을 하다가 그 개들을 만나면

어느 날, 사고가 났습니다

막대기를 휘둘러 가까이 오지 못하게 하곤 했답니다. 그래서 그 집에 찾아가 개들을 풀어놓지 말아 달라고 정중하게 요청한 일도 여러 번 있다고 했습니다. 근데 결국 그 개들이 남의 집 마당까지 들어와 이런 끔찍한 짓을 벌였던 겁니다.

이 사실을 알게 된 부부는 다음 날 그 집을 찾아갔습니다. 그리곤 죽은 반려견들의 사진을 보여 주며 당신 개들이 우리 집 마당까지 들어와서 반려견들을 죽였다고 말했습니다. 그랬더니, "어! 그래요? 너무 죄송합니다. 우리 애들이 사냥을 잘하는 놈들인데, 애들 부모가 진도에서도 유명한 개들이거든요. 사냥하다가 실수를 했나 봅니다. 그 집 개들을 사냥감으로 착각했나 봐요. 제가 얼마를 드리면 되죠?"

부부는 대뜸 얼마면 되겠냐고 묻는 말에 몹시 화가 났습니다. 그래서 다시 설명을 시작했습니다. "그게 아니라, 지금 이 집 개들이 저희 집 마당까지 들어와서 우리 개들을 죽였다고요. 저희 집 담을 넘어서 들어왔다고요. 이건 범죄예요!" 이 말에 그분은 "에이! 말 같지도 않은 소리 하지 마세요! 그럼 신고하든가요! 아니 개들이 담도 넘고 그럴 수 있는 거 아니에요? 그걸 나보고 어떻게 하라는 거예요?"

화가 난 부부가 경찰서에 신고를 하자 경찰들이 찾아왔습니다. 하지만 결국엔 아무 소용도 없었습니다. 사람이 다

그럼에도 개를 키우려는 당신에게

친 게 아니라서 도와줄 게 없고, 어차피 민사소송으로 해결해야 하는데 한마을에 사는 사람들이니 이왕이면 좋게 해결하라 하고는 그냥 떠났습니다. 부부는 이 모든 상황에 화가 났고 너무 속상했습니다. 사람들이 모두 기껏해야 개가 죽은 것뿐인데 왜 이렇게 난리냐는 식으로 나왔기 때문입니다.

혹시나 마을 사람들이 사정을 알게 되면 자신들을 도와주지 않을까 싶어 사람들을 찾아가기도 했습니다. 마을 사람들과 같이 그 집에 몰려가서 따지면 그 집 주인이 반성하지 않을까 하는 실낱같은 희망을 품었던 겁니다. 하지만 마을 사람들은 아무도 도와주지 않았습니다. 그 와중에 부부는 그 개들이 그전부터 마을에서 여러 번 사고를 쳤다는 얘기를 듣게 되었습니다. 어떤 집에 가서는 닭장을 다 망가뜨려 놓고 그 안에 있던 닭도 여럿 죽였다고 합니다. 또 어느 집에 가서는 마당에 묶여 있던 개를 물어 죽이기도 했답니다. 어떤 주민은 뒷산에서 그 개들이 물어 죽인 고라니 사체들을 여러 번 봤다는 말까지 했습니다.

그런데도 마을 사람들은 부부를 도와주길 꺼렸습니다. 알고 보니 거기엔 숨겨진 사연이 있었습니다. 그 개들의 주인은 마을에 땅이 많았습니다. 마을 사람들 중 몇몇은 그 집 땅을 빌려 농사를 짓기도 했습니다. 그리고 피해를 봤다던 닭장 주인 또한 그 사람의 땅에다 닭장을 짓고 닭을 키웠던 거였습니다. 사정이 이러니 마을 사람들은 부부를 도와주기는커녕 오히려 설득을 하기 시작했습니다. 그냥 좋은 개 한 마리 사 달라고 하면 되지 않겠느냐며 말입니다.

부부의 상처는 곪아갔습니다. 누구 하나 자신들의 슬픔 에 공감해 주지 않았고, 심지어 어떤 사람은 서울에서 온 사 람들이 동네를 시끄럽게 한다며 핀잔을 주기까지 했습니다. 고작해야 개 몇 마리 죽은 것 가지고 큰일을 만들고 있다면서 말입니다. 부부가 대화가 아니라, 복수를 해야겠다고 마음을 먹은 이유에는 이런 사연이 있었던 겁니다.

이야기를 다 들은 저는 마음이 너무 아팠습니다. 제가 아 는 한 그 부부는 이런 마음을 품을 분들이 아니기에 더욱 속 이 상했습니다. 오죽하면 투견을 데려와서 그 집 개들을 죽이 고 싶다는 생각까지 하게 되었을까….

"선생님, 제가 뭐라고 말씀드려야 할지 모르겠어요. 저도 너 무 화가 납니다. 어떻게 그런 사람이 있죠? 근데 그 개들은 지금 어떻게 됐나요?"

"아직도 동네를 돌아다닙니다. 처음 며칠 간은 묶어 두는 것 같았는데, 최근엔 다시 마을을 돌아다니더라고요. 가끔 우리 집 앞에도 찾아와 서성이는데, 정말 마음 같아서는 차로 치어 죽이고 싶습니다. 훈련사님, 제가 투견을 구해 마당에 두면 분명 그 개들이 다시 올 겁니다. 제가 차로 치어 죽일 수는 없으니, 혹시 투견을 구할 만한 곳을 아시면 좀 알려 주세요. 수소문해 보니, 제주 쪽에 좀 있다고 하던데 찾는 게 쉽지 않네요."

"선생님, 먼저 한번 뵐까요? 아내분하고 저희 센터에 오셔서 저랑 이야기를 좀 더 하고 천천히 알아보시는 건 어떠세요?"

저는 투견을 어디에서 구하는지 알지도 못했지만, 알아도 알려 드릴 수는 없는 노릇이었습니다. 일단 부부 모두 너무 힘들어하시는 데다가, 그냥 두었다가는 상황이 더 나빠질 수도 있을 것 같아 먼저 두 분을 모시고 이야기부터 들어 드리고 싶었습니다. 반려견을 키우면서 어려움을 겪는 보호자들을 많이 만나 봤는데, 고민을 성심성의껏 들어 주는 것만으로도 문제가 호전되는 걸 많이 경험해 봤기 때문입니다. 똑같이 반려견을 키우는 사람이라도 각자 생각하는 정도가 다르기에 공감의 정도 또한 다를 수밖에 없습니다. 하지만 저는 반려견들도 많이 키워 봤고, 반려견을 교육시키는 일 또한 오래 했으며, 어쩔 수 없는 상황에서 반려견을 떠나 보내야 했던 경험까지 있었기에 보호자들의 다양한 감정들을 그 누구보다 깊이 공감해 줄 수 있었습니다. 전화를 끊고 그분께 어떤 이야기를 해 드리는 게 좋을까 고민했지만, 더 이상의 연락은 없었습니다. 그분은 결국 투견을 구하셨을까요?

* * *

요즘 뉴스를 보다 보면 예전과 많이 달라졌다는 걸 느낍니다. 예전에는 사람이 개한테 물린 사건 정도만 뉴스에 나왔습니다. 그런데 요즘에는 개가 개를 물었다는 뉴스도 심심찮게 볼 수 있습니다. 예전 같으면 "뉴스가 그렇게 없어? 개가 개를 문 게 무슨 대단한 일이라고…." 이랬을 텐데, 이제는 정말 개가 가족이 됐나 봅니다.

정말 그 보호자님이 투견을 구한 다음 그 개들을 죽였으면 어쩌나 하고 걱정이 됩니다. 그게 정말 맞는 선택일까요? 그렇게 문제의 개들을 죽이고 나서 그 주인과 똑같이 "아이고, 이를 어쩌요? 왜 당신은 개들을 풀어놔서 자꾸 우리 집에 들어오게 하는 겁니까? 그러니 우리 개가 당신 개를 죽인 거잖아요!" 이렇게 쏘아붙이고 나면 마음이 좀 후련해질까요? 그보다는 위험한 개를 관리하는 법을 만드는 게 더 좋지 않을까요? 그리고 개를 잘 관리하지 못했을 때 보호자를 제재할 수 있는 장치를 마련하는 게 더 낫지 않을까요?

그럼에도 개를 키우려는 당신에게

동네에 돌아다니는 개가 있을 때 신고할 수 있는 곳이 있었으면 좋겠습니다. 또 그런 개를 좀 더 효율적이고 빠르게 구조할 수 있는 시스템이 만들어지면 좋겠습니다. 예전에 다리를 다친 것처럼 보이는 개를 만난 적이 있습니다. 경찰서에 전화하니 동물 구조 단체로 연락을 해 보라며 전화번호를 하나 알려 주더군요. 그곳에 연락하니 거긴 동물 병원이라 구조 활동은 하지 않는다면서, 직접 데리고 오면 치료는 해 주겠다고 했습니다. '어? 그 친구는 벌써 눈앞에서 사라졌는데? 그럼 내가 찾으러 가야 하나? 에효….' 이때 저는 아무리 사람들이 신고를 해도 이런 동물들을 구조하는 일은 무척 어렵다는 걸 알게 되었습니다.

예전에 방문 훈련을 할 때 무척 사나운 개를 만난 적이 있습니다. 훈련을 하면서 '오늘 내 손가락이 잘리는 날인가?' 하는 생각이 들 정도였습니다. 훈련은 무사히 마쳤지만 그 가족들이 너무 걱정됐던 저는 가족의 동의를 구한 후 경찰서에 그 집을 신고했습니다. 범죄행위를 목격해서가 아니라 혹시 앞으로 무슨 일이 일어나지 않을까 싶어 미리 경찰서에 알려 두고자 했던 겁니다. 이렇게 해 두면 나중에 혹시 개 물림 사고 같은 게 났을 때 이 신고 기록을 토대로 경찰이나 구급차가 이 집을 더 빨리 찾아올 수 있지 않을까 하는 마음이었던 겁니다.

하지만 연락을 받은 경찰은 제 말을 이해하지 못했습니다. 사나운 개를 기르는 집이 있는데, 정말 위험한 친구라 어쩌면 사고가 날 수도 있으니 이 집을 기억해 두었다가 혹시라도 이 집에서 연락이 오면 신속하게 도움을 주셨으면 좋겠다고, 그리고 동네 순찰을 돌 때 가끔 이 집을 살펴봐 주시면 불미스러운 일이 생기지 않게 예방할 수 있을 것 같다고 말씀드렸는데도, 그 경찰분은 자꾸 같은 말만 반복했습니다. "그러니깐 지금 사람이 물린 건 아니라는 거죠?"

물론 사람이 물리는 사고가 벌어진 건 아니었습니다. 하지만 제가 반려견 전문가이고, 개가 무척 위험해 보이는 데다 집에 어린아이들까지 있으니, 이 집을 기억해 달라고 요청을 했던 겁니다. 하지만 제 의도를 전달하는 일은 불가능했습니다. 사고도 안 났는데 왜 경찰서에 연락했냐고 계속 같은 질문만 해 대는 그분을 저는 이해할 수가 없었습니다. 옆에 있던 보호자는 저를 한심한 아니, 측은한 눈빛으로 바라봤습니다. 그 순간 저도 '내가 지금 뭘 하고 있는 거지?'라는 생각이 들었습니다. 제 의도를 이해하지 못하는 경찰 때문에 속상했고, 이런 모습을 보호자에게 고스란히 보여 준 게 민망했고, 이렇게 위험이 감지되는 상황에서도 제가 할 수 있는 일이 아무것도 없다는 게 너무 가슴 아팠습니다.

만약, 투견을 기르겠다던 그 보호자님께 이런 조치를 해
드렸다면 어땠을까요?

- 마당에서 그 개들을 발견했을 때 즉시 경찰에 신고한다.
  출동한 경찰이 곧장 그 개들을 포획 또는 사살한다.
- 포획된 가해견은 적절한 처분이 내려질 때까지 지정된 보
  호소에 격리시킨다.
- 피해를 입은 보호자에게 신고할 의향이 있는지 묻는다.
- 피해를 입은 보호자에게 가해견의 안락사를 결정할 수 있
  는 권한을 준다.
- 피해견의 보호자가 가해견의 안락사를 원하지 않을 경우
  에도, 전문가의 판단에 따라 안락사 여부를 결정한다.
- 가해견을 안락사시키지 않을 경우에도 다시 원래의 보호
  자에게 돌려보내진 않는다.
- 가해견의 보호자는 경찰 조사를 받고 관리 소홀에 대해 법
  적 책임을 진다.
- 가해견의 보호자는 자신의 반려견이 초래한 모든 피해를
  보상한다.
- 사건의 경중에 따라 가해견의 보호자를 형사 처벌할 수 있
  도록 하며, 다시는 반려동물을 키우지 못하게 한다.

위 내용은 실제로 미국과 영국에서 시행하고 있는 개 물림 사고에 대한 처리 규정들을 정리한 것입니다. 우리나라에도 가해견의 보호자가 처벌을 받고, 가해견을 안락사시키거나 다시는 자신의 보호자에게 돌아갈 수 없게 하는 그런 법이 있다면 이런 식의 개 물림 사고는 많이 줄어들 거라 생각합니다. 하루라도 빨리 이런 시스템을 만들어야 개를 키우면 안 되는 사람들이 개를 키우는 걸 막을 수 있습니다. 그래야 많은 이들이 반려견과 함께 행복하게 살 수 있는 세상이 올 겁니다.

그럼에도 개를 키우려는 당신에게

강아지들끼리만 놀게 하면
안 되는 이유

◆

저는 가끔 이런 생각을 합니다.

'만약 우리 '바로'가 산책을 하다가 맞은편에서 오는 작은 푸
들Poodle을 물면 어떻게 하지?'

제가 키우는 반려견이 다른 사람이나 반려견을 문다면
저는 어떻게 될까요? 명색이 '개통령'이라 불리는 사람의 반
려견이 산책 중에 사람을 물었다고? 이건 거의 탄핵감이지
않을까 혼자 생각해 보곤 합니다. 바로는 진돗개 암컷입니다.
사실 어미가 진돗개였는데, 아빠는 보지 못해서 잘 모르겠습
니다. 떠돌이 암컷 한 마리가 어떤 공장에 들어가 새끼를 낳

았는데, 그중 한 마리를 제가 데리고 온 겁니다. 바로는 검은색 털에 전체적인 모양이 진돗개를 닮았기에, 누가 물으면 어떨 때는 진돗개라고도 하고 어떨 때는 그냥 믹스견이라고도 합니다.

바로는 최고의 가정견입니다. 짖지도 않고, 배변 실수도 하지 않습니다. 사람을 좋아하지만 절대 귀찮게 하지 않고, 먹고 싶은 게 있으면 그냥 제 옆에 앉아 한없이 기다립니다. 산책할 때 줄을 당기지도 않고, 집 안의 물건을 물어뜯지도 않습니다. 제 아내는 바로야말로 인생 최고의 반려견이라고, 바로 때문에 말리노이즈Malinois나 리트리버Retriever보다 진돗개가 더 좋아졌다고 말하곤 합니다. 만약 다음에 강아지를 키우게 된다면 무조건 진돗개를 키우겠다고 말한 적도 있습니다. 바로는 이제 10살이 되었습니다. 아픈 데 없이 건강하고 투정도 전혀 부리지 않는, 진짜 너무 착하고 아름다운 친구입니다. 하지만 이런 바로에게도 걱정되는 게 한 가지 있습니다. 물론 큰 고민거리는 아닙니다. 제가 이 문제점을 이미 인지하고 있고, 그래서 언제 조심해야 하는지도 잘 알고 있기 때문입니다. 바로의 문제는 소형견이나 고양이 등 다른 동물에 대한 공격성을 가지고 있다는 것입니다.

바로가 어릴 때 저희 가족은 가평에 살았습니다. 제가 살던 집은 언덕 위쪽에 있었는데, 거의 산속이라고 해도 될 만큼 높은 곳이었습니다. 집 뒤편에는 뒷산으로 연결되는 길이 있었는데, 저는 매일 아침 바로와 함께 그곳에서 가벼운 산책을 했습니다. 그러던 중 바로가 생후 6개월 정도 됐을 무렵, 어떤 냄새를 맡고는 순식간에 완전히 다른 개로 변신하는 광경을 목격했습니다. 그 장면을 본 저는 '이 녀석에게도 드디어 그 시기가 찾아왔구나. 안 왔으면 했었는데, 너한테도 역시 진돗개의 피가 흐르고 있구나.'라는 생각이 들었습니다. 그다음 날, 산책을 나간 바로는 무언가를 찾는 데 열중했습니다. 가평에 있는 산속엔 여러 동물들이 삽니다. 고라니도 무척 많고, 족제비, 멧돼지, 오소리 등도 돌아다닙니다. 한번은 여름에 서재 창문을 열어 두었더니 반딧불이가 들어온 적도 있습니다. 고라니 똥 냄새를 맡은 바로는 온몸에 전율을 느끼더니 이내 진정한 수렵견으로 변신했습니다. 그날 이후 바로와 함께하는 산책은 사실상 산책이 아니었습니다. 산에 가는 것이 곧 사냥터에 가는 것과 다름없게 돼 버린 후 저는 바로와 아침마다 산에 가던 일을 그만두었습니다.

저는 제 개가 사냥개가 되는 걸 원치 않습니다. 다른 동물을 위협하는 행동도 너무 보기 싫습니다. 저는 뒷산에 사는 고라니가 좋았고, 무섭긴 했지만 멧돼지 흔적이 있는 것도 반가였습니다. 가끔 쓰레기통을 뒤지는 너구리도 좋았고, 실수로 우리 집 마당까지 들어온 산토끼도 너무 사랑스러웠습니다. 저는 바로가 개라는 이유만으로 그 친구들을 물어 죽이는 건 공정하지 않다고 생각합니다. 물론 바로의 조상들이 100년 전 어떤 일을 하며 살았는지는 이해합니다. 그리고 바로의 행동이 조상들로부터 물려받은 유전적 습성이라는 것도 잘 알고 있습니다. 하지만 이 시대를 살아가는 반려견들은 더 이상 그렇게 살면 안 됩니다. 결국 바로는 이 문제를 잘 극복해 냈습니다. 물론 사냥 본능이 완벽하게 사라지진 않겠지만, 바로도 어느덧 10살이나 먹었습니다. 세월 앞에 장사 없다고, 요즘 바로는 고양이를 보면 털만 삐쭉 세웠다가 이내 내립니다. 그 모습이 기특하기도 하고 안쓰럽기도 하고, 대견하기도 하고 웃기기도 합니다.

저는 지금 바로 말고도 말리노이즈 3마리까지 합쳐 모두 4마리의 반려견과 같이 살고 있습니다. 말리노이즈는 사람들에게 다소 생소한 견종인데, 아시아보다는 북미와 유럽에서 많이 키우는 반려견입니다. 사실 반려견보다는 경찰견이나 군견으로 많이 키우는데, 간혹 '밀리터리 도그 스포츠'를 즐기는 사람들이 키우기도 합니다. 비슷한 견종인 셰퍼드는 전 세계적으로 인기가 많지만, 말리노이즈를 키우는 사람은 흔

어느 날, 사고가 났습니다

치 않을뿐더러 키우기도 쉽지 않습니다. 아무리 개를 키워 본 경험이 많은 사람이라 해도 말리노이즈는 마치 개가 아닌 다른 종을 키우는 느낌이 들 만큼 힘듭니다. 에너지 수준과 학습 속도가 평범한 반려견들과는 비교가 안 될 정도여서 초보 보호자들은 쉽게 입양하기 어려운 견종입니다.

제가 키우는 말리노이즈 친구들 이름은 '매직', '대거', '날라'인데, 제가 봐도 참 대단한 녀석들입니다. 앞에서 바로의 경우를 예로 들어 진돗개의 사냥 본능에 대해 이야기했는데, 이건 말리노이즈도 만만치 않습니다. 매직이는 무게가 42kg 정도로 꽤 큰 편에 속합니다. 예전에 가평에 살 때 저희 집 담이 대략 5~6m 정도로 무척 높았는데, 이 녀석은 털끝 하나 다치지 않고 거기서 뛰어내린 적도 있습니다.

날라는 모든 것을 물어뜯는 '파괴의 신'이라도 되는 것처럼 항상 입으로 무언가를 물거나 씹으려 합니다. 보통 강아지 시절에 이런 행동을 많이 하다가 차츰 성견이 되면 사라지는데, 날라의 경우는 이런 예측이 빗나갔습니다. 하지만 이 녀석에게도 장점이 하나 있습니다. 바로 엄청난 체력입니다. 공놀이를 20분 하고, 산악자전거 뒤를 90분 동안 따라 뛰고, 다시 곧바로 공놀이를 20분 해도 결코 지치지 않습니다. 가끔 날라를 보면 정말 자신의 수명을 깎아 먹으면서까지 놀고 싶어 하는 것 같다는 생각이 듭니다.

그럼에도 개를 키우려는 당신에게

대거는 점프의 귀재입니다. 1.8m 정도는 그냥 제자리에서 점프해 버립니다. 더 높은 곳을 올라가야 할 땐 기어서라도 담을 넘습니다. 아무리 멀리 두고 오더라도, 산을 넘고 물을 건너서라도, 기필코 저를 찾아올 녀석입니다.

이렇게 일반적이지 않은 신체적 특징을 가지고 있어서인지 세 녀석은 성격도 야성적입니다. 물론 집에 있을 때는 마치 시츄Shih Tzu라도 된 것처럼 누워 있는 걸 즐기지만, 건수가 생기면 절대로 가만히 있지 않습니다. 매직이와 대거는 완벽한 경비견이라고 할 수 있습니다. 만약 누군가 제게 소리를 지른다면 매직이는 분명 그 사람에게 달려들 겁니다. 만약 누가 저를 몸으로 밀친다면 대거는 분명 그 사람을 가만두지 않을 겁니다. 그런데 이와 달리 날라는 그런 일이 벌어진다 해도 별로 상관하지 않을 겁니다. 그저 처음 본 사람이라는 이유 하나만으로 그 사람을 무작정 좋아할 수도 있습니다. 단, 점프를 해서 그 사람 얼굴에 강제로 키스를 하려고 할 텐데, 이때 너무 힘이 세서 그 사람의 치아가 깨질 수도 있습니다. 실제로 날라가 제 아내에게 인사한다고 점프를 하다가 아내의 치아가 깨진 적이 있습니다.

저는 이렇게 매직이와 대거의 성향을 잘 알기에 산책할 때도 무척 조심합니다. 만일 어떤 개가 우리 가족에게 달려들거나 짖는다면 매직이나 대거가 가만있지 않을 테니까요. 그렇다고 이 두 녀석이 지나가는 사람이나 다른 반려견에게 막 달려들거나 그러진 않습니다. 하지만 저는 늘 신중하게 행동합니다. 왜냐하면 아직도 우리나라에는 반려견과 산책하면서 조심하지 않는 사람들이 많기 때문입니다. "저기 친구가 있네! 너도 인사해 봐!" 산책하다 이런 말 많이 들어 보셨을 겁니다. 물론 반려견도 사람들처럼 다른 반려견과 어울리는 걸 좋아합니다. 더 정확하게 말하자면, 반려견에게 다른 개들과 어울리는 행위는 좋고 싫음의 문제가 아니라, 죽고 사는 문제에 가까울 만큼 무척 중요합니다. 그런데 사람들은 '어울린다'라는 개념을 각자 다르게 생각하고 있는 것 같습니다. 어떤 사람은 개들이 서로를 쫓으면서 흥겹게 뛰어노는 게 잘 어울리는 거라고 생각합니다. 하지만 그냥 옆에서 뛰어노는 친구들을 보기만 하고 싶어 하는 개들도 있습니다. 근데 이런 반려견을 키우는 보호자들은 자신의 개가 사회성이 떨어진다며 걱정을 합니다. 이런 분들 중엔 다른 개들과 뛰어놀지 않는다는 이유만으로 억지로 다른 개들을 만나게 하는 경우도 많습니다.

대부분의 보호자들은 반려견의 행동 중 어떤 게 활동적인 것이고 어떤 게 폭력적인 것인지 잘 구분을 못 합니다. 쫓고 쫓기는 놀이는 말 그대로 쫓고 쫓기는 걸 번갈아 해야 재미가 있는 겁니다. 예를 들어 우리가 술래잡기를 할 때 매번 나만 술래를 한다면 그 놀이가 재미있을 리 없습니다. 나한테 술래만 하라고 시키는 친구가 있다면 당연히 그 친구랑은 놀기가 싫을 겁니다. 개들도 마찬가지입니다. 자신은 쫓는 것만 하고 싶고, 상대는 도망가는 역할만 하길 바라는 개들이 있습니다. 특히 상대의 행동을 이해하고 공감하는 데 서툰 어린 강아지들일수록 이런 경우가 많습니다. 마치 어린아이들이 놀이를 할 때 자기 욕심만 부리면서 친구들을 배려하지 않는 것과 비슷합니다.

어른들이 어린아이들끼리만 놀게 두지 않는 것처럼, 강아지들도 자기들끼리만 놀게 두면 안 됩니다. 아직 경험이 적은 강아지들끼리만 놀게 하는 건 자유롭게 두는 게 아니라, 위험한 상황에 방치하는 것과 같습니다. 어린 강아지들은 서로 양보하고 배려하면서 놀지 않습니다. 어쩌다 운이 좋아서 기질이 약한 개들만 모였다면 서로를 배려하며 놀 수도 있을 겁니다. 하지만 이런 경우라도 시간이 좀 지나면 그중에서도 누가 더 강하고 약한지 금세 드러나게 되고, 결국 조금이라도 더 힘이 센 개가 리더가 되어 자기 맘대로 하겠다고 욕심을 부리게 됩니다. 이런 이유 때문에 어린 강아지들끼리만 놀 경우엔 보호자들이 꼭 옆에서 지켜봐야 하는 겁니다.

대부분의 보호자들이 자신의 개가 다른 개에게 다가가려 하면 별다른 제지 없이 그대로 둡니다. 그때 하는 말이 "친구다, 인사해!"입니다. 말만 들으면 별문제가 없어 보이고 심지어 다정해 보이기까지 하지만, 사실 이런 행동은 매우 무례할 뿐만 아니라 위험하기까지 합니다. 다른 반려견의 냄새를 맡고 싶어 하는 것은 오로지 내 반려견의 일방적인 욕구입니다. 그러니 먼저 상대편 보호자에게 다가가도 되는지를 물어봐야 합니다. 그런데 많은 보호자들이 자기 개의 욕구만 생각합니다. 이렇게 다른 반려견의 감정을 무시하다 보면 문제가 생길 수밖에 없습니다.

✦　✦　✦

개인적으로 저는 사람들의 관심이 싫지 않습니다. 저를 알아봐 주는 것도, 저에게 말을 거는 것도, 심지어 아무렇지 않게 어깨를 토닥이는 것조차도 오히려 고맙게 생각합니다. 하지만 몇몇 일들을 겪은 후 제 생각과 태도가 조금 바뀌긴 했습니다. 예전에 부산의 한 쇼핑몰에 강연을 갔던 적이 있습니다. 안내해 주시는 분과 함께 대기실로 올라가려는 중이었는데, 주말이라 그런지 엘리베이터가 빨리 오질 않았습니다. 그래서 할 수 없이 에스컬레이터를 타러 갔는데, 3층에서 4층

그럼에도 개를 키우려는 당신에게

으로 올라가는 도중에 문제가 생기고 말았습니다. 저는 올라가는 쪽에 타고 있었고 상대편은 내려오는 쪽에 타고 있었는데, 저를 알아본 그분이 갑자기 제 옷깃을 잡아당기는 바람에 그대로 굴러 넘어지고 말았습니다. 다행히도 제 뒤에 아무도 없어 저만 넘어졌을 뿐 다른 큰 사고로 이어지지는 않았습니다. 크게 다친 곳은 없었기에 저는 그냥 훌훌 털고 일어났습니다. 지켜보는 사람들도 많았고 안내를 해 주시던 분도 너무 놀라셨기에, 저는 이곳저곳 아프긴 했지만 더 이상의 문제는 생기지 않길 바라는 마음으로 괜찮다고 말하고 곧바로 강연을 하러 갔습니다. 강연장으로 가면서도 저는 아까 저를 잡아당긴 분이 혹시 어딘가에서 지켜보고 있다가 제게 사과를 해 주시지는 않을까 하고 생각했습니다. 강연을 무사히 마치고 나오면서도 그분이 저를 찾아와 미안하다는 말을 건네지는 않을까 생각했습니다. 하지만 끝내 그런 일은 일어나지 않았습니다.

저는 스스로를 유명인이라 생각하지 않고 살아가려고 노력합니다. 그런데 이런 일들을 겪고 나니, 의도하지 않게 실수를 저지르는 사람들을 위해서라도 앞으로 더 조심해야겠다는 생각이 들었습니다. 그럼에도 불구하고 제 마음 한편에서 두려움이 서서히 올라오는 것은 막을 수 없었습니다. 한번은 지인과 식당에서 식사를 하는데 어떤 분이 제게 다가오시더니 이렇게 말씀하셨습니다. "고개 좀 들고 먹어! 네 얼굴 좀 보고 싶은데 고개를 처박고 먹으니깐 볼 수가 없잖아!" 이 말에 저는 이렇게 대꾸할 수밖에 없었습니다. "아, 네, 죄송합니다…." 저는 스스로 유명세에 꽤 초연한 편이라 생각하고 있었습니다. 근데 이런 경험들이 반복되니 마음속에서 불안감이 올라오는 걸 막을 수 없었습니다. 저는 평소에 사람들과 이야기하는 걸 무서워하거나 불편해하지 않습니다. 하지만 제가 예상하지 못한 만남과 질문 혹은 갑자기 저를 붙잡거나 밀치는 분들이 나타나니 조금씩 걱정이 되기 시작했습니다. 어떻게 하면 이런 일이 일어나지 않게 미리 막을 수 있을까 고민이 되었습니다. 방어 본능과 경계심은 그렇게 제 마음속에 서서히 퍼져 나갔습니다.

하지만 이런 경험들로 인해 얻은 것도 있습니다. 산책 도중 불안한 나머지 갑자기 짖고 달려드는 반려견들이 어떤 마음 상태인지 알게 된 겁니다. 물론 저는 훈련사이기에 처음 본 반려견이 아무리 예쁘더라도 함부로 만지면 안 된다는 걸 알고 있습니다. 하지만 제가 이런 일들을 직접 겪어 보니 낯선 사람이 갑자기 내 몸을 만진다는 것이 어떤 느낌인지, 그럴 때면 반려견들이 어떻게 행동할 수밖에 없는지 공감할 수 있게 되었습니다. 예전에는 '맞아, 갑자기 만지면 누가 좋아하겠어. 반려견들도 그렇겠지.'라고 이해하는 정도였다면, 지금은 '정말 많이 놀랐을 거야. 그리고 다시 그럴까 봐 불안하니 심하게 짖을 수밖에 없는 거지.'라고 깊이 공감하게 됐습니다. 아마도 제가 유명인이 되지 못했다면, 그래서 이런 일들을 겪지 않았다면, 저 또한 반려견들의 마음을 이렇게 속속들이 알지는 못했을 겁니다. 좋은 경험이 아니더라도 그것을 통해 무언가를 배우고 성장할 수 있다는 말은 진리인 것 같습니다.

그냥 죽게
놔뒀어야 했는데

저와 상담을 하려는 보호자들은 대부분 간절한 마음으로 찾아오십니다. 거제도에서도 오시고, 강원도에서도 오시고, 정말 많은 분들이 거리와 상관없이 전국에서 찾아오십니다. 상담 경력이 쌓이다 보니 이젠 제 사무실 문을 열고 들어오는 분들의 첫인상만 봐도 어떤 성향일지 조금은 예측이 됩니다. 그런데 지금 말씀드리려 하는 보호자는 느낌이 조금 달랐습니다. 특이하거나 이상한 것이 아니라, 상담 자체에 별로 관심이 없으셨습니다. 보통은 하나라도 더 질문하고 더 듣고 싶어 하시는데, 이분은 그러지 않았습니다. 상담 전 미리 작성하게 되어 있는 자료를 살펴보았더니, 이 보호자의 반려견은 공격성이 심한 정도가 아니라 '연쇄 살생견'이라 불러도 될 만큼 문제가 심각했습니다. 물어 죽인 개만 해도 5마리가 넘었고, 고양이는 셀 수도 없었으며, 심지어는 사람도 문 적이 있었습니다.

"보호자님, 작성해 주신 상담 자료를 봤는데 상황이 심각하네요. 아니, 어쩌다가 이렇게 개를 많이 물어 죽인 거예요?"

그날 상담을 하기 위해 찾아온 분들은 아빠와 엄마 그리고 두 딸이었습니다. 가족들은 제 질문에 대답을 서로 미루더니 도저히 안 되겠는지 결국 어머니가 나서서 답을 해 주셨습니다. 산책 도중 앞에서 개가 나타나자 갑자기 달려들었고, 잠시 줄을 놓친 사이 상대 개의 목을 물어 죽였다고 합니다. 한번은 마당에서 탈출해 아랫동네에 있는 집까지 들어가 줄에 묶여 있던 개를 물어 죽였다고 합니다. 또 한번은 산에 풀어놓았는데 순식간에 사라져서는 마을에 자주 오던 떠돌이 개를 물어 죽였다고 합니다. 이야기를 들어 보니 5마리보다 훨씬 많이 죽인 것 같았습니다. 근데, 이 이야기를 하는 동안에도 가족들은 각자의 기억이 달랐는지 내내 옥신각신했습니다.

"야! 그때 네가 줄만 잘 잡았어도 아무 일 없었을 거야!"
"아니, 엄마가 인사시킨다고 무작정 다가갔다가 그런 일이 벌어진 거잖아요!"

"친구를 사귀게 해 주려고 그랬지. 하도 친구가 없어서 성격이 이런가 하고…."

"(옆에 앉은 동생을 보면서) 크크크, 근데 결국 친구를 물어 죽인 거네."

"그때 말리지 않았으면 그 개도 죽었을 텐데…. 아이고, 그 개가 안 죽고 살아서 제가 얼마나 고생을 했는지 몰라요."

순간 저는 귀를 의심했습니다. 어머니가 그렇게 말하자 옆에 있던 딸이 눈치를 보면서 엄마의 허벅지를 손으로 툭 쳤습니다. 하지 말아야 할 소리를 했다는 듯한 제스처였습니다. 이상한 느낌이 든 저는 슬쩍 질문을 던졌습니다.

"아, 고생이 많으셨군요. 근데 대체 뭣 때문에 그렇게 고생을 하셨어요?" 그랬더니, 어머니는 눈치를 주는 딸에게 핀잔을 주고는 다시 이야기를 시작했습니다.

"훈련사님, 그때 제가 넘어지면서도 저희 개를 끝까지 말렸어요. 손하고 발도 다 까지고, 저도 많이 다쳤어요. 제가 말리는 바람에 그 개가 간신히 살았는데, 나중에 보니 병원비가 상상을 초월하는 수준이더라고요. 사실 오늘 여기 온 것도 알고 보면 다 그 병원비 때문이에요. 그 개 보호자가 합의

어느 날, 사고가 났습니다

하는 조건으로 강 훈련사님한테 상담받으라고 해서요. 그냥 놔뒀으면 그 개는 죽었을 거예요. 솔직히 말해 죽었으면 더 편했을 거예요. 괜히 살려 놔서, 치료하러 다니는 바람에…. 병원비가 진짜 많이 들어요! 그쪽 보호자랑도 계속 실랑이해야 하고. 우리가 병원비 다 못 내겠다고 했더니 그럼 상담받고 오래요! 아이고…."

그제야 저는 사건의 전말을 파악할 수 있었습니다. 피해를 입은 반려견의 보호자가 합의 조건으로 저한테 상담받을 것을 요구했던 겁니다. 그 어머니는 어차피 억지로 받게 된 상담이니, 반려견의 행동을 고치고 싶은 것보다는 그저 빨리 끝내고 집에 갔으면 하는 마음이었던 겁니다. 그분 말씀을 들으면서 저는 우리나라에선 아직도 개가 죽으면 개 값만 물어 주면 된다는 식의 사고가 남아 있는 것 같아 무척 씁쓸했습니다. 근데 그분 말씀은 이보다 더 나아가는 것이었습니다. 괜히 살아서 병원비만 더 들어간다, 상대측하고도 합의를 봐야 하니 골치가 아프다, 그러니 차라리 그 개가 죽었으면 더 좋았을 것이다…. 그 순간 저는 망연자실할 수밖에 없었습니다. '이렇게 생각하는 사람들도 있구나….'

가족의 이야기를 들어 보면, 그 개는 거의 매일 고양이를 잡아 죽일 때도 있었답니다. 그리고 살고 있는 동네가 인적이 드문 외곽 지역이라 한 번씩 풀어놓기도 하는데, 그럴 때면 냅다 달려가 묶여 있는 개들을 공격한다고 합니다. 그러다 상대 개가 죽기라도 하면 한 20~30만 원 정도 주고 해결하곤 했는데, 이번 보호자는 그렇게 쉽게 합의가 안 되었던 거였습니다.

어떡하면 좋을까요? 자유롭게 산책하라고 개를 풀어 주는 주인과, 풀어 주면 동네 개도 고양이도 다 물어 죽이는 개를 어떡하면 좋을까요? 자신이 키우는 개가 위험하다는 것을 절대 인정하지 않는 사람들이 있습니다. 개는 산책과 운동이 필요한데, 자신은 같이 운동할 힘도 그럴 여유도 없으니 너 혼자 놀다 오라면서 그냥 개를 풀어놓는 사람들이 아직까지 있습니다. 사람이 많이 살지 않는 외곽 지역에 가면 이런 이유로 혼자 돌아다니는 개들을 쉽게 볼 수 있습니다. 그런데 그 개가 다른 개나 사람을 공격한다면 이후엔 절대로 풀어놓으면 안 됩니다. 하지만 이런 상식적인 생각도 하지 못하는 사람들이 여전히 있습니다.

이뿐만이 아닙니다. 자신의 개가 다른 개를 보면 공격할 수도 있다는 것을 알면서도 꼭 인사를 시키려 하는 분들도 있습니다. 인사를 한다는 말은 참 듣기 좋습니다. 인사를 한다는 걸 부정적으로 받아들일 사람이 얼마나 있겠습니까? 하지만 조금만 생각해 보면, 우리 중 누구도 내가 원하지 않는 방식으로 낯선 이와 인사를 나누고 싶어 하지 않습니다. 상대의 의도가 선하다고 해서 그가 하는 모든 행동을 기분 좋게 받아들일 수는 없는 겁니다.

* * *

저는 산책하는 것을 좋아합니다. 반려견과 함께하는 산책도 좋지만, 가족과 함께 천천히 공원을 걸어 다니는 것도 정말 좋아합니다. 산책을 하면서 만나는 사람들의 얼굴에 생기가 넘치는 것도 너무 좋습니다. 어린 자녀를 데리고 공원에 나온 가족들을 보면 덩달아 행복해지고, 여유롭게 반려견과 산책하는 사람들을 보면 저도 모르게 미소가 지어집니다. 근데 가끔가다 휴대폰으로 노래를 크게 들으면서 산책을 하는 사람들을 만납니다. 그럴 땐 반대쪽으로 방향을 바꾸거나 잠깐 멈추었다가 그 사람이 지나간 다음에 갑니다. 그렇게 하지 않으면 산책하는 내내 그 노래를 함께 들어야 하기 때문입니다.

'이어폰을 끼는 것이 불편한가? 귀에 상처라도 났나? 다른 사람과 같이 듣고 싶은 건가?'

저는 정말, 정말, 나중에 기회가 된다면 꼭 물어보고 싶습니다. 왜 다른 사람들에게 다 들릴 정도로 노래를 크게 틀고 산책을 하느냐고요. 근데 대부분 그렇게 노래를 크게 틀고 산책을 하는 사람들은 고령의 노인이거나 중년의 남성이었습니다. 이유라도 물어보고 싶어 얼굴을 쳐다보면 그들의 표정은 완전히 포커페이스 그 자체였습니다. 눈이 마주치는 순간 "안녕하세요?" 혹은 "뭘 도와드릴까요?"라는 표정이 아니라, "대체 뭐가 문젠데?"라는 표정이었기 때문에 차마 물어보지 못했습니다. 아마도 제 생각엔 그냥 뻔뻔해서 그렇게 행동하는 게 아닐까 싶습니다. '이어폰 끼는 건 너무 귀찮아. 음악을 크게 틀어도 누가 나한테 뭐라 하겠어? 다들 그냥 지나가던데.' 이런 마음이지 않을까 싶습니다.

노래를 크게 틀고 산책을 하는 사람들에겐 이유를 물어보지 못했지만, 반려견과 산책 도중 모르는 개와 인사를 시키는 사람들에게는 왜 그렇게 하는지 수십 번, 수백 번 물어봤습니다. 허락하지도 않았는데 왜 제 개에게 다가왔느냐고 말입니다.

"어…, 그냥 친구하고 인사하라고요."
"친하게 지내면 좋잖아요."

＊　＊　＊

　　반려견의 공격적인 행동 때문에 저와 꽤 오랫동안 훈련
을 하던 보호자가 있었습니다. 열심히 훈련에 참여한 덕분에
그 친구의 공격성도 많이 누그러졌습니다. 그러던 어느 날,
자신감이 생긴 보호자는 반려견과 산책을 하던 도중 쉬고 있
던 다른 보호자와 반려견을 발견하곤 인사를 나누기 위해 다
가갔습니다. 하지만 예상과 달리 그 친구는 인사 대신 곧바로
상대편 개에게 달려들었고, 놀란 보호자들이 힘을 합친 후에
야 가까스로 두 녀석을 떼어 놓을 수 있었습니다. 다행히 상
대편 개는 다치지 않았지만, 가만히 쉬고 있다가 당한 일이라
그런지 반려견도 보호자도 꽤 충격을 받았습니다. 나중에 그
보호자에게 왜 그런 행동을 했냐고 물으니 그저 친구를 만들
어 주고 싶은 마음에 천천히 다가가 인사를 한 것이라 했습니
다. 그런데 이 보호자는 가장 중요한 것을 놓쳤습니다. 그런
행동을 하기 전에 먼저 상대 보호자에게 인사를 건네야 한다
는 걸, 그런 다음 다가가도 되는지 물어봐야 한다는 걸 간과
했던 겁니다. CCTV로 당시 상황을 보니, 가만히 벤치에 앉
아 쉬고 있는 상대편 보호자와 반려견을 향해 이 보호자가 자
신의 반려견을 데리고 뒤쪽에서 다가가는 게 보였습니다. 쉬
고 있던 반려견이 깜짝 놀라 자리에서 일어나자 이를 본 이

보호자의 개가 곧장 공격을 했던 겁니다. 영상을 함께 본 보호자가 제게 이런 질문을 하더군요.

"훈련사님, 근데 저 개가 먼저 으르렁거리지 않았나요?"

"그게 왜요? 다가오지 말라고 으르렁거린 게 문제라고 생각하세요?"

"아니 그런 건 아닌데, 우린 그저 인사하려고 다가갔는데 저 개가 으르렁거리니까 우리 개가 달려든 거잖아요."

"가만히 쉬고 있는 개한테 보호자님이 갑자기 개를 데리고 뒤에서 다가갔잖아요. 상대편 개는 그게 싫으니 당연히 다가오지 말라고 으르렁거렸겠죠. 문제는 자신에게 으르렁거린다고 그 개를 죽일 듯이 물어 버린 보호자님 개예요."

"아니, 그 개가 먼저 으르렁거리면서 화를 내는데 우리 개가 어떻게 참아요?"

"참아야죠! 보호자님, 정말 이 상황이 이해가 안 되세요? 보호자님의 개가 인사하고 싶어서 다가가면, 상대 개는 무조건 감사하면서 받아 줘야 한다고 생각하세요? 저는 그런 생각이 더 이해가 안 되는데요? 그럼, 제가 아무나 붙잡고 사랑한다고 말하면서 뽀뽀하면 그 사람은 그냥 뽀뽀를 당해야 하나요? 그럼 스토킹은 왜 범죄인 건가요? 사랑해서 한 행동인데

어느 날, 사고가 났습니다

범죄라고 하면 안 되죠! 보호자님이 이런 생각을 갖고 계시
니 자꾸 문제가 생기는 거예요. 아직도 뭐가 잘못된 건지 모
르시겠어요?"

저는 돈을 받고 교육을 하지만, 그 돈을 사람이 아니라
개에게서 받았다고 생각합니다. 그래야 필요하다고 생각될
때마다 문제가 있는 보호자들과 싸울 수 있기 때문입니다. 이
런 제 철학 때문인지 저에게 훈련을 받은 보호자들 중엔 저를
미워하는 분들도 많습니다.

한번은 모든 반려견 운동장에서 출입 금지를 당한 개를
데리고 상담을 온 보호자가 있었습니다. 그 개는 반려견 운동
장에 갈 때마다 다른 개를 물었고, 보호자는 그때마다 새로운
반려견 운동장을 찾아갔습니다. 그럼에도 문제 행동이 그치
지 않자 더는 갈 수 있는 반려견 운동장이 없는 상황이었습니
다. 그런데 저는 그 개보다 보호자의 행동이 더 납득할 수 없
었습니다. '아니, 반려견 운동장에 갈 때마다 다른 개를 무는
데, 계속해서 다른 반려견 운동장을 찾아갔다고?'

그 보호자의 인식 수준은 정말 심각했습니다. 자신의 반
려견이 다른 개들과 뛰어노는 모습을 보는 게 너무 행복해서
그랬다고 합니다. 그러면서 자신의 개도 그렇게 노는 걸 무척
이나 좋아하는데, 아주 가끔 다른 개를 공격하는 경우가 있으

니 그것만 고치면 되는 거 아니냐고 제게 되물었습니다. 그 순간 저는 이분과의 상담이 엄청 힘들 거라는 걸 직감했습니다. 잘못하면 상담이 끝난 뒤 바로 저의 안티팬이 될 수도 있겠다는 생각이 들었습니다. 그래서 상담의 수위를 잘 조절해야겠다고 다짐하며 대화를 시작했습니다.

"아, 그러세요. 근데 보호자님, 혹시 물린 개의 사진이 있나요?"

"네, 마지막으로 물었던 포메라니안Pomeranian 사진이 있어요. 근데 정말 살짝 물었는데, 뼈가 다 골절됐다고 하더라고요. 저도 너무 놀랐어요."

"그럼 살짝 문 건 아닐 텐데, 근데 왜 보호자님이 놀라셨어요? 포메라니안의 보호자님이 더 놀라셨을 것 같은데요?"

"우리 개가 원래 그런 애가 아닌데, 갑자기 물어서요."

"근데 아까는 반려견 운동장에서 다 출입 금지당했다고 하셨잖아요?"

"그건 다 살짝 물었던 거예요."

"살짝 물었는데 모든 반려견 운동장에서 출입을 금지당했다고요?"

친절하게 상담하겠다고 가슴 깊이 다짐했지만 쉽지는 않

았습니다. 보호자는 끝까지 자기 개가 그렇게 공격적이진 않다고 주장했고, 저는 그럼 왜 계속 다른 개들을 무는 거냐고 따져 묻는 상황이 연출되고 말았습니다.

"보호자님 말씀대로 공격적인 개가 아니라면, 왜 훈련을 받으려고 하시는 건가요?"
"평소에는 잘 노는데, 딱 한 번씩 반응하거든요."
"보호자님, '반응한다'는 말이 무슨 의미인가요?"
"상대 개가 먼저 놀라거나 짖으면 저희 개가 반응을 하는 거죠."
"그러면 반응한다는 말은 구체적으로 어떤 행동을 말씀하시는 거예요?"
"앞니로 살짝 꼬집는 건데, 절대 세게 물지는 않아요."
"아까 물린 포메라니안의 사진을 보니 그 정도가 아니던데요?"

잘하겠다고 여러 번 다짐했건만, 이번에도 보호자의 마음에 공감하는 데는 실패하고 말았습니다. 하지만 그 개가 어떤 문제를 갖고 있는지 그리고 보호자는 또 어떤 잘못된 생각을 하고 있는지 정확하게 파악할 수 있었습니다. 저는 보호자에게 다시는 반려견 운동장에 가지 말라고 말씀드렸습니다.

그냥 줄을 매고 산책하는 게 더 좋겠다는 말씀도 드렸습니다.
그랬더니 놀라운 대답이 돌아왔습니다.

"말도 안 되는 소리 하지 마세요. 우리 개가 친구들이랑 노는
걸 얼마나 좋아하는데 반려견 운동장에 가지 말라니요. 그리
고 두 달 후에 영국에서 친구가 놀러 오기로 했어요. 그 친구
가 자기 반려견도 데리고 오는데, 우리 집에서 머물 거예요.
다 같이 여행도 가고 반려견 운동장에도 가기로 했어요."
"혹시 그 친구분이 지금 이 개가 다른 개들을 물고 다닌다는
걸 아세요? 아까 제게 보여 주신 포메라니안 사진도 보여 주
셨어요?"

그 상담 이후 그 보호자는 저의 열렬한 팬이 됐는데, 예
상대로 안티팬이 되었다고 합니다. 들려오는 소식에 의하면,
그 개가 또다시 반려견 운동장에 가서 어떤 개를 물었는데,
이번에 피해를 입은 개는 눈을 다쳐 실명까지 했다고 합니다.

안락사시키자고 하면
하실 거예요?

◆

'대풍이'는 꽤 공격적인 진돗개였습니다. 만난 지 5초도 안되었는데 곧바로 제 얼굴을 향해 점프를 하며 달려들었습니다. 이게 왜 대단한 거냐면, 사람의 얼굴로 달려드는 견종들은 대체로 마스티프Mastiff 계열의 체구가 우람한 카네코르소Cane Corso나 도고아르헨티노Dogo Argentino 같은, 몸무게가 80kg 정도 되는 성인 남성들도 결코 감당하지 못할 친구들이 대다수이기 때문입니다.

대풍이가 제 얼굴을 향해 달려든 행동은, 뽀뽀를 하거나 사진을 찍으려 휴대폰을 가까이 댔을 때 반려견들이 경고의 의미로 입술이나 코끝을 살짝 무는 행동하고는 완전히 차원이 다른 겁니다. 서 있는 사람의 얼굴을 향해 곧바로 달려

든다는 건 상대의 행동을 제지할 때 하는 '머즐 컨트롤muzzle control, 어미 개가 새끼를 가르칠 때 입 부분을 살짝 무는 행동'과도 다릅니다. 얼굴을 향해 달려든다는 건 상대한테 공격받을 것을 알지만 결코 신경 쓰지 않는다는 걸 의미합니다. 반려견들은 자신이 힘에서 절대적으로 우위에 있다고 확신할 때만 이런 행동을 합니다. 대풍이는 저를 보자마자 이런 엄청난 행동을 한 겁니다.

처음부터 낌새가 좀 이상하다는 걸 눈치챈 저는 미리 밀쳐 낼 준비를 하고 있었기 때문에 다행히 물리진 않았습니다. 하지만 지금도 그때를 생각하면 아찔하기만 합니다. 저는 개가 공격하거나 공격 시도를 하려는 순간 재빠르게 보호자의 표정을 살핍니다. 그때 보이는 반응을 통해 보호자가 어떤 성향인지 파악할 수 있기 때문입니다. 제가 자신의 반려견에게 공격을 당할 때 저를 보호해 줄 수 있는 사람인지, 도와줄 마음은 있지만 그럴 능력은 없는 사람인지, 법적 책임이 걱정되어 회피할 사람인지, 훈련사니까 좀 물릴 수도 있다고 생각하는 사람인지, 미안한 마음에 어찌해야 할 바를 모르는 사람인지 등등을 파악하는 겁니다. 그동안 수도 없이 반려견들에게 물리면서 깨달은 건, 이런 일이 벌어졌을 때 어떻게 대응하는지를 보면 그 보호자가 어떤 사람인지 적나라하게 알 수 있다

그럼에도 개를 키우려는 당신에게

는 점입니다.

대풍이의 보호자는 정말 미안해했습니다. 그러면서도 울지는 않았습니다. 이런 일이 벌어졌을 때 우는 보호자들도 종종 있습니다. 그런데 사실 우는 건 사태 해결에 아무런 도움도 되지 않습니다. 빨리 상처를 치료해야 하는 상황임에도 불구하고 자신이 더 놀랐다며 제가 위로해 주길 바라는 사람들도 있습니다. 그런데 대풍이의 보호자는 당장이라도 울 것 같은 표정으로 제게 괜찮은지 물어보았습니다. 대풍이가 여전히 제게 달려들려고 하는 그 위험한 순간에도 말입니다.

예전에 똑같은 상황에서 굉장히 다르게 대처를 했던 분이 기억납니다. 그분은 제가 자신의 반려견에게 물리자 "어? 훈련사님, 일부러 물리신 거예요?" 이렇게 말했습니다. 저는 너무 당황해서 대체 이게 무슨 소리인가 했습니다. 그리곤 이 보호자에게 무엇부터 알려 드려야 할지 고민이 되었습니다. 심지어 제가 이분을 잘 교육시킬 수 있을지조차 걱정이 되었습니다. 하지만 대풍이의 보호자는 그런 분이 아니었습니다. 저는 괜찮다는 말로 보호자를 안심시켜 드렸습니다. 반려견에게 물리면 물론 겁도 나지만 그 개가 어떤 방식으로 공격하는지도 알게 됩니다. 개들의 무는 행위는 결코 똑같지 않습니다. 힘껏 한 번만 물 수도 있고, 문 다음 씹을 수도 있고, 문 다음 고개를 이리저리 흔들 수도 있고, 앞니로만 물 수도 있고, 어금니까지 같이 사용해 물 수도 있고, 어금니까지 사용해서 물지만 실제로는 앞니에만 힘을 가할 수도 있고, 혹은 그냥 무는 시늉만 할 수도 있습니다. 한 번 물리고 나면 어떤 타입인지 곧바로 알게 됩니다. 정말 위험한 친구들도 있는데, 먼저 상대를 넘어뜨린 다음 목뒤를 무는 경우입니다. 이런 친구들은 사람이 칼이나 총을 갖고 있지 않는 한 결코 대적할 수가 없습니다.

진돗개는 사실 그리 공격력이 강한 견종이 아님에도 대풍이는 무척이나 살벌한 친구였습니다. 물론 진돗개는 한국을 대표하는 견종이지만, 전 세계 400여 견종과 비교했을 때 몸집이 크거나 힘이 센 편이 아니고, 싸움을 잘하는 축에 속하지도 않습니다. 저도 '바로'라는 진돗개를 키우고 있지만, 사실 이 녀석들은 겁도 많고 의심도 많아서 일반 가정에서 반려견으로 키우기에 안성맞춤인 견종입니다.

근데 대풍이는 보통의 진돗개와는 좀 달랐습니다. 달려드는 패턴이 꼭 늑대 같았습니다. 간혹 진돗개 중에는 야생에 사는 동물과 비슷한 수준의 행동을 보이는 개체들이 있습니다. 이런 녀석들은 굳이 비유하자면 같은 갯과에 속해 있다 해도 리트리버보다는 코요테에 더 가깝다고 할 수 있습니다. 이런 특성을 지닌 녀석들의 머릿속에는 '협력'이란 개념이 없기 때문에 평범한 사람들과 함께 사는 게 어려울 수도 있습니다. 개와 늑대를 구분하는 가장 쉬운 방법은 사람과 협력할 수 있느냐 없느냐를 보는 것입니다. 진돗개뿐만 아니라, 시바이누Shiba Inu, 라이카Laika, 차우차우Chow Chow, 샤페이Shar Pei 등과 같은 견종 중에도 반려견으로 살아갈 수 없는 개체들이 종종 있습니다. 이런 친구들도 사람들과 어울려 살아갈 수 있는 환경이 조성되면 좋겠지만 우리나라의 현실을 생각해 보면 쉽지 않은 게 사실입니다.

대풍이가 제게 달려들 때 저는 보호자가 줄을 어떻게 잡고 있는지 재빨리 확인했습니다. 그분은 여느 보호자와 같이 줄을 손에 둘둘 만 채 잡고 있었습니다. 개를 잘 다루는 사람들은 줄을 손에 말지 않습니다. 반려견을 핸들링할 때 손을 사용해야 하는데, 줄을 손에 말고 있으면 그냥 잡고만 있어야 하기 때문입니다.

그분은 반려견을 처음 키우는 거였지만 그래도 상담을 받으러 올 만큼 용기는 있으셨습니다.

"대풍이가 그동안 사고를 많이 쳤어요. 근데 훈련사님이 굉장히 단호하다는 걸 알고 있는 터라, 혹시 대풍이를 안락사 시키라고 하면 어쩌나 걱정이 되었는데 그럼에도 용기를 내서 왔어요."

"보호자님, 제가 안락사시키자고 하면 하실 거예요?"

"그동안 대풍이는 고양이도 너무 많이 죽였고요, 사람도 많이 물었어요. 저를 포함해 가족들도 많이 물려서, 저도 이제 자신이 없네요. 훈련사님이 안락사밖에 답이 없다고 하면 그렇게 할 각오로 왔습니다."

이런 성격을 가진 개라면 함께 사는 가족들도 당연히 어려움을 겪을 수밖에 없습니다. 대풍이 같은 반려견들은 자신을 조금이라도 놀라게 하면 가족들에게까지 위협적인 행동을 하기 때문입니다. 아니나 다를까, 가족들은 제 예상대로 대풍이 눈치를 보면서 살고 있었습니다. 한번은 아내분이 주방에서 음식을 하다가 재채기를 했는데, 마침 식탁 옆에 있던 대풍이가 그 소리에 놀라 아내분께 달려들었다고 합니다. 또 한번은 남편분이 식사 중에 다리를 긁느라 손을 식탁 밑으로 내렸는데 그 손을 문 적도 있다고 합니다. 근데 더 심각한 문제는 다른 가족들의 반응이었습니다. "그러니까 아빠는 밥만 먹지 왜 손을 식탁 밑으로 내렸어!" "엄마는 왜 하필 대풍이 옆에서 재채기를 하냐고!" 대풍이가 공격할 만한 짓을 한 사람이 문제이기 때문에 가족들이 평소에 더 조심스럽게 행동해야 한다는 게 이 가족이 살아가는 방법이었습니다. 그러던 중 같이 살고 계신 할머니가 대풍이한테 심하게 물리는 사고가 나고 말았습니다. "나 좀 도와줘. 살려 줘!" 가족들이 비명 소리에 놀라 쫓아가 보니 할머니는 바닥에 쓰러져 계셨고, 대풍이는 할머니의 얼굴과 목 부위에 주둥이를 들이댄 채 으르렁거리고 있었습니다. 곧바로 대풍이를 떼어 놓아야 했지만, 가족 모두가 대풍이를 무서워해서 그 누구도 할머니를 도와 드릴 수가 없었습니다. 그 사건을 계기로 가족들은 심한 불안감을 느끼기 시작했습니다. 남편분은 자신의 어머니가 위급한 상황인데도 대풍이가 무서워 아무것도 하지 못한 것에 대해 심한 자책감을 느끼고 있었습니다.

그날 대풍이는 할머니와 같이 자고 있었습니다. 그러다 밤중에 할머니가 화장실에 가려고 일어나는 순간 할머니를 물어 버렸습니다. 아내분이 간식을 이용해 간신히 대풍이를 할머니한테서 떼어 놓았으나, 충격을 받은 가족들은 대풍이를 안락사시켜야 하는 건 아닌가 하는 이야기까지 했다고 합니다. 그동안 다른 곳으로 입양을 보내거나 안락사시키자고 했을 때 완강히 거부했던 딸도 이 사건 이후엔 생각이 바뀌었고, 결국 남편분은 안락사 직전에 마지막으로 상담이라도 받아 보자는 심정으로 저를 찾아오신 거였습니다.

"보호자님, 집에 마당이 있나요?"

"넓지는 않지만, 있어요."

"혹시 옆집하고 붙어 있나요?"

"네, 한쪽이 옆집하고 붙어 있어요."

"그렇군요. 보호자님, 저는 개들이 사람들과 한집에서 같이 살아야 한다고 생각해요. 그렇게 하는 게 결과적으로 반려견의 정서와 행동에 도움이 되기 때문이에요. 근데 지금과 같은 상황에서는 절대 한집에서 키우지 말라고 할 수밖에 없어요. 너무 위험하기 때문이죠. 만약 반려견 훈련사에게 신고의 의무가 있었다면 저는 대풍이와 보호자님을 신고했을지도 몰라요. 너무 위험한 개를 키우고 있다고 말이죠. 그리고 보호자님 가족과 대풍이를 분리시켜야 한다는 의견을 냈을 거예요."

"이해합니다. 저도 제 개가 이렇게 무서운데 다른 사람들은 말해 무엇하겠어요."

"보호자님, 어쩌면 대풍이는 안락사시키는 게 맞을 수도 있어요. 소변 실수나 소파를 물어뜯는 건 진짜 말 그대로 실수예요. 소변은 닦으면 되고, 소파는 다시 사면 되니까 얼마든지 해결할 수 있어요. 근데 사람을 물고 다른 동물을 죽이는 행동은 단순한 실수가 아니에요. 그리고 또 심각한 문제는 가족들이 대풍이를 무서워한다는 거예요. 이건 사실 훈련과 교육의 문제를 넘어 '대체 왜 이 개와 같이 살아야 하지?'라는 아주 근원적인 고민이 들게 만들거든요. 보호자가 자신의 개를 무서워하는 순간 교육은 무척 어려워져요. 어쩌면 교육이 아예 불가능할 수도 있어요."

진돗개는 공격을 오랫동안 지속하는 견종이 아닙니다. 사람을 공격할 때도 두세 번 정도 문 다음 뒤로 물러나거나 재빨리 도망을 칩니다. 문제는 공격을 짧게 하기 때문에 순간적으로 엄청난 공격성을 보인다는 겁니다. 한 번 물 때 상대의 살을 찢어 놓으려 드는 거지요. 로트와일러Rottweiler 같은 견종은 강력한 이빨과 턱을 이용해 상대의 숨통을 조이는 방식으로 물지만, 진돗개 같은 견종은 한두 번의 공격으로 상처를 크게 내서 과다 출혈을 유도합니다. 그래서 진돗개에게 물린 사람들을 보면 뼈까지 다치는 일은 거의 없지만 피부와 근육이 크게 찢어지는 경우가 많습니다. 대풍이 가족들의 상처들도 대부분 이와 비슷했는데, 건장한 성인은 상처만 입고 끝날 수 있지만 어린이나 노인 들에겐 치명적일 수도 있습니다.

대풍이 할머니는 연세도 많으시고 거동도 불편한 상태셨습니다. 근데 아이러니한 건 대풍이가 할머니를 좋아했다는 겁니다. 좋아하는데 왜 공격을 하냐고요? 좋아하는 것과 소유하는 것을 구분하지 못하는 개들도 있기 때문입니다. 근데 종종 사람들도 이 둘을 구분하지 못합니다. 처음엔 그저 좋아하는 마음뿐이었는데, 점차 소유욕을 강하게 드러내면서 상대를 통제하려 드는 사람들도 있습니다. 통제하려는 범위가 계속 늘어나고 이것저것 집착하다 보면 결국엔 상대를 공격하는 지경에까지 이르기도 합니다. 스토커는 사랑 때문에 한일이라 변명하고, 의처증이 있는 남편은 아내에 대한 관심과 애정이라 주장합니다. 이런 식으로 개들 중에도 좋아하는 대상을 통제하려 드는 녀석들이 있는데, 대풍이가 할머니에게 보이는 행동이 딱 이 경우에 해당합니다. 할머니 옆에 누워 있을 때면 녀석은 할머니가 움직이려 할 때마다 으르렁대곤 했는데, 이날은 급기야 물기까지 했던 겁니다. 심지어 할머니가 외출하려고 하면 처음엔 왜 나가냐고 마치 애교를 부리는 것처럼 행동하다가, 할머니가 신발을 신는 순간 위협적으로 발목을 문 적도 있다고 합니다.

대풍이는 사람들 주변을 어슬렁거리며 음식을 받아먹던 '개'와, 사람들 속으로 들어와 함께 살게 된 '반려견' 그 중간쯤에 위치한 것으로 보입니다. 야생에 살던 개들이 사람들 주변에서 음식을 받아먹을 때만 해도 서로가 협력하는 관계는 아니었습니다. 그저 같이 있어도 크게 불편하지 않고 간혹 서로에게 도움이 될 때도 있는, 그 정도 사이였습니다. 그러다 개들은 직접 사냥하는 것보다 인간을 따라다니면서 음식을 얻어먹는 게 더 손쉽다는 걸 알게 되었습니다. 인간들 또한 개들이 주변에 있으면 다른 동물로부터 자신을 안전하게 지킬 수 있다는 걸 알게 되었습니다. 이런 과정을 거쳐 개와 인간은 지금처럼 협력 관계가 된 것입니다. 하지만 지금도 여전히 인간에게 음식을 얻어먹는 정도의 관계만을 맺는 개들이 있습니다. 특히 진돗개처럼 오래된 견종일수록 이런 개체들이 많이 보이는데, 앞에서 말씀드린 것처럼 일본의 시바이누나 러시아의 라이카, 중국의 샤페이 등이 그렇습니다. 그렇다고 꼭 동아시아의 견종들에서만 이런 특성이 나타나는 것도 아닙니다.

대풍이의 마음을 인간의 언어로 표현하면 이렇지 않을까 싶습니다.

"내가 널 좋아해서 옆에 있는데, 네 맘대로 일어나 가 버린다고? 미친 거 아니야!"
"너 내 허락은 받고 나가는 거냐? 내가 언제 허락했냐고!"
"너 나 두고 혼자 나갔다 온 거야? 내가 요즘 안 물었더니 정신을 못 차리네!"
"내가 머리만 만지라고 했지, 언제 목도 만지라고 했냐!"
"내가 공을 가져오면 꾸물거리지 말고 빨리 던지라고!"
"잘 들어! 내가 너 밥 먹을 때 식탁 밑에 누워 있을 거야. 근데 네가 발을 움직이면 내가 어떻게 할지 나도 몰라. 그러니까 조심해, 알았지?"

이렇게 위험한 반려견을 그대로 둘 수 없었습니다. 그래서 저는 보호자에게 사람과의 접촉을 피할 수 있는 곳으로 보내거나, 안락사를 시키거나, 가족들과 분리시킨 후 마당에서 키우면서 천천히 훈련을 하는 방법 중에 하나를 선택하라고 제안했습니다. 예상대로 보호자는 마당에서 키우면서 훈련하는 걸 선택했고, 저는 그러면 얼른 마당에 견사부터 지으시라고 말씀드렸습니다.

그동안 훈련사로 일하면서 심각한 반려견들을 많이 만났습니다. 보호자의 손가락을 물어서 잘라 버린 개, 옆집에 쳐들어가서 어린아이를 물어 버린 개, 묶여 지내던 동네 개를 물어 죽인 개, 산책 중이던 할머니를 문 다음 질질 끌고 다닌 개 등등 말로 다할 수 없을 만큼 많은 문제견들을 봐 왔습니다. 그때마다 저는 그 개들의 보호자에게 이런 말을 했습니다.

"한국의 법이 약해서 지금 이 개가 살아 있는 거예요. 개를 키우는 분들은 입을 모아 동물 보호법이 더 강화됐으면 좋겠다고 말하는데, 동물 보호법이라는 건 사람을 물고, 고양이를 죽이는 개를 보호하기 위해 존재하는 게 아니에요. 보호자님과 이 개는 한국에 살고 있는 걸 천만다행으로 아셔야 해요."

　마당에 견사를 짓기로 했지만 이런저런 이유로 시간이 지연되었습니다. 그 사이 대풍이가 다시 할머니를 무는 사고가 터졌습니다. 그러자 보호자는 열 일 제쳐 두고 견사부터 지었습니다. 저랑 상담한 직후 바로 견사를 지어 대풍이를 내보냈다면 할머니가 다시 물리는 일은 없었을 텐데, 막상 대풍이를 혼자 마당으로 내보내려고 하니 가족들도 마음이 흔들렸던 것 같습니다. 이후 저는 대풍이가 마당에서 지내며 훈련을 받는 줄 알았는데, 얼마 후 다시 집 안으로 들어갔다고 합니다. 그러다 다시 가족들이 물리는 일이 발생했고 결국 대풍이는 마당에 있는 견사에서 살게 되었다고 들었습니다.

　안타까운 건, 대풍이와 같은 성향의 개들이 착하고 마음 약한 보호자를 만났을 때 더욱 위험해진다는 겁니다. 남달리 애정이 많고 마음이 약한 사람들일수록 이런 개들에게 단호하게 행동하지 못하기에 물림 사고가 빈번히 발생하게 되는 겁니다. 그런데 자신이 물리는 것보다 자신의 개가 혼자 견사에 덩그러니 있는 것을 더 고통스럽게 느끼는 보호자들이 있고, 최악의 경우 이런 분들은 그냥 개한테 물리면서 같이 사는 것을 선택하기도 합니다. 하지만 이런 선택은 자신뿐만 아니라 함께 살고 있는 가족 전체를 위험에 빠뜨리는 짓입니다. 제가 이런 사람들을 위험하게 생각하는 이유는, 동물이 불쌍한 건 알면서도 정작 자신이 사랑하는 사람들이 불쌍하다는 생각은 하지 않기 때문입니다. 그래서 저는 이런 분들에게 정말 직설적으로 말합니다. 욕만 하지 않을 뿐, 어떻게 돈을 낸 고객에게 이렇게까지 심하게 말할 수 있나 하는 생각이 들 정도로 강하게 이야기합니다. 정말 혼신의 힘을 다해, 지금 이 개가 얼마나 위험한지 그리고 개를 사랑하는 당신의 마음이 어떻게 주변 사람들을 위험에 빠트리는지 열심히 설명합니다.

근데 이런 상담을 하고 나면 말로는 형용하기 어려운 감정들이 밀려옵니다.

'그저 용기를 주는 말만 해도 될 텐데, 그저 안타까운 표정을 지은 채 응원만 해 줘도 될 텐데, 그러면 나도 친절한 훈련사라는 소릴 들을 수 있을 텐데, 나는 왜 굳이 이런 말들을 하는 걸까? 내 가족도 내 이웃도 아닌데, 왜 이렇게까지 미친 듯이 설득하는 거지? 저 사람은 분명 내 말을 안 듣고 뒤에 가서 욕이나 하고 다닐 텐데, 결국 난 얻는 것도 없이 인심만 잃을 텐데, 왜 나는 이렇게 포기가 안 되는 거지?'

저희 어머니는 췌장암으로 돌아가셨습니다. 어느 날 어머니는 허리가 너무 아프다고 하시면서 병원에 가자고 하셨습니다. 그 후로 좋다는 병원은 다 가 보고 유명하다는 의사도 무수히 만나 봤지만 무슨 병인지 도통 알 수가 없었습니다. 그리고 1년 뒤 한 병원에서 췌장암이라는 진단을 받았습니다. 유명하다는 의사들도 그걸 알아내지 못했던 겁니다. 한번은 제가 췌장암 증상과 비슷한 것 같다고 하니 "어머님이 췌장암이라면 지금 이렇게 걸어 다니지도 못할 겁니다. 췌장도 몇 번이나 검사했는데, 절대 암은 아니에요!" 이렇게 단호하게 말하던 의사도 있었습니다. 하지만 결국 어머니는 1년 뒤 췌장암으로 돌아가셨습니다.

저는 아직도 가슴이 아픕니다. 조금이라도 일찍 알았다면 치료할 수 있지 않았을까, 내가 좀 더 적극적이었다면 결과가 달라지지 않았을까, 이런 생각이 들 때마다 너무 후회가 됩니다. 한번은 입원해야만 받을 수 있는 검사를 하러 큰 병원에 갔는데, 하루 200만 원이 넘는 1인실밖에 없다고 하는 바람에 검사를 못 받고 돌아온 적이 있습니다. 저는 아직도 '만약 그때 검사를 받았다면 좀 더 일찍 발견할 수 있지 않았을까?' 하는 생각을 합니다.

이런 경험 때문인지 저는 제가 전문가이기 때문에 알 수 있는 중요한 내용을 보호자들에게 제대로 전달하기 위해 더욱 노력하게 되었습니다. 근데 반려견을 관찰한 후 위험하거나 중요한 것들이 보여도 이를 보호자들에게 알리는 데 실패하는 경우가 있습니다. 그럼에도 적지 않은 돈을 내고 제게 상담하러 오시는 분들을 생각하면 저는 보호자들을 설득하는 일을 쉽게 포기할 수가 없습니다. 그리고 반려견 훈련사로서 저는 제가 아는 것들을 전달해 드려야 할 책임이 있습니다. 이게 바로 제가 보호자들에게 욕을 먹으면서까지 할 말은 꼭 하는 이유입니다.

아직도 전 반려견 상담은 기술이 아니라 책임감이라고 믿고 있습니다.

2018년 6월, 든든한 나의 육아 동지들^^
'바로' '첼시' '다올'

Part_2

왜 사람들은 개를 대충 키울까요?

반려견을 키우려는 사람들은 좋은 상상만 합니다.

막연히 반려견을 키우는 내내

즐겁고 행복한 일들만 있을 거라고,

사랑만 해 주면 아무 문제 없이 잘 클 거라고

생각하는 겁니다.

이런 식으로 대다수의 사람들은

개를 키우면 자신 또한 행복해질 거라 믿습니다.

하지만 우리가 스스로를 보호자라 생각한다면,

나 자신보다는 내게 온 반려견을

행복하게 잘 살게 해 주는 것이

진정한 보호자의 역할이 아닐까 싶습니다.

유기견은 불쌍하지만,
옆집 개는 꼴 보기도 싫다?

⬠

"와, 정말 듣기 힘드네…."

저는 아파트보다는 주택을 선호합니다. 물론 불편한 점도 많
지만, 마당도 있고 다양한 공간을 여유롭게 사용할 수 있다는
장점 때문에 서울 외곽에 있는 주택을 선택했습니다. 처음에
는 마당과 테라스가 있는 게 너무 좋았고, 산도 가까워서 반
려견들과 산책을 나가는 일이 꽤 즐거웠습니다. 그런데 생각
지도 못한 문제가 발생했습니다. 그건 묶여 있는 개들이나 마
당에서 서성이는 개들이 집 앞을 지나는 행인들을 향해 심하
게 짖어 댄다는 거였습니다. 동네 산책을 나가면 마을에 살고
있는 개들이 모두 짖어 대고, 그러면 또 집 안에 있던 보호자

들이 조용히 하라고 소리를 지르고…. 이 모든 게 마치 저의 산책으로 인해 불거진 문제 같아 좀 민망할 때도 있었습니다. 또 어떤 때는 보호자들의 고함 소리가 마치 제게 왜 산책을 하느냐고 따지는 것처럼 들려서 기분이 안 좋기도 했습니다.

근데 이보다 더 심각한 문제는 바로 옆집이었습니다. 강아지 때부터 밖에서 묶어 키웠던 그 집 개는 제가 귀가할 때마다 항상 시끄럽게 짖어 댔습니다. 제가 마당에라도 나가면 다시 집 안으로 들어갈 때까지 계속 짖어 대서 매번 그 개 눈치를 보느라 고생이 이만저만 아니었습니다. 그러던 어느 날, 출근길에 옆집 주인을 만나게 되어 정중히 부탁을 드렸습니다.

"안녕하세요. 실례지만, 개가 너무 짖는데 좀 조용하게 해 주실 수 있나요?"

"그걸 내가 어떻게 해요? 개 선생인 당신이 더 잘하겠지!"

"아…, 그럼 집 안에서 키우는 건 어떨까요? 밖이라 덥기도 하고 비도 많이 올 텐데, 집 안에서 생활하게 하면 짖는 것도 곧 멈출 겁니다."

"아니, 왜 남의 일에 참견하는 거요? 왜 선생질이야?"

제가 반려견 훈련사라는 걸 많은 분들이 아시는데, 그런 제가 옆집에다 개 좀 조용히 시켜 달라고 부탁하는 상황이 아이러니해서 잠시 웃음이 나기도 했습니다. 물론 이보다 더 황당한 건 옆집 주인의 대답이었지만…. 얼마 후 다시 옆집 주인을 마주쳤을 때 전 한껏 웃는 얼굴로 한 번 더 부탁의 말씀을 드렸습니다.

"안녕하세요, 어르신. 제가 마당에 나올 때마다 저 친구가 너무 짖어서 마당에서 뭘 할 수가 없어요. 집 안에서 키우시는 게 힘들면, 저희 집과 좀 떨어진 곳에 묶어 두면 안 될까요?"

"거긴 안 돼! 그 앞에 내 방이 있어서 냄새도 나고, 나도 시끄럽다고!"

자신이 키우는 개가 냄새 나고 시끄러워서 자기 방 앞에 묶어 둘 수는 없다고, 그래서 옆집에 피해가 가더라도 개집 자리는 옮겨 줄 수 없다는 말에 저는 망연자실할 수밖에 없었습니다.

이런 사람들을 만나면 정말 너무 화가 납니다. 그날 이후로 집은 맘대로 선택할 수 있지만, 이웃은 선택할 수 없다는 말이 뼈저리게 와닿았습니다. 저도 개를 여러 마리 키웁니다만 저런 식으로 마당에 방치해 두지는 않습니다. 마당은 반려견들이 배변을 하거나 보호자와 같이 놀고 쉬는 곳입니다.

왜 사람들은 개를 대충 키울까요?

마당이 있다고 해서 거기에 개를 풀어 둔 채 저 혼자만 집 안에 들어가 쉬지는 않습니다. 만약 근처에 이웃이 전혀 없고, 있더라도 거리가 멀리 떨어져 있다면 상관이 없을 수도 있습니다. 또 우리 집 앞으로 지나다니는 사람이 거의 없다면 잠시 개를 마당에 풀어놓아도 괜찮습니다. 마당에 혼자 두어도 얌전히 냄새만 맡거나 조용히 앉아서 쉬기만 하는 반려견이라면 잠시 마당에 혼자 두는 게 그리 큰 문제는 아니라고 봅니다.

하지만 마당에 풀어놓으면 마당을 살피는 걸 넘어, 집과 자신의 공간을 지키겠다는 일념으로 혈안이 되는 반려견들도 많습니다. 그런 개들은 어쩌다 그 앞으로 사람이나 다른 개들이 지나가기라도 하면 화난 얼굴로 맹렬히 짖어 대며 위협합니다. 근데 이런 개들보다 더 큰 문제는 자신의 마당에서 일어나는 일이니 간섭하지 말라며 억지를 부리는 사람들입니다. "개가 짖는 걸 나더러 어쩌라고? 내 집 마당에서 내 개가 뛰어다니는데 무슨 상관이야!" 이렇게 말하는 사람들이 주변에 너무 많습니다. 주택에서는 원래 개를 밖에서 키우는 거 아니냐며, 좀 짖는 게 뭐가 그리 큰 문제냐고 적반하장으로 나오는 사람들을 보며 저는 '내가 이상한 사람인가? 주택에 살면 이런 문제들은 다 참고 살아야 하는 건가?'라는 생각을 한 적도 있습니다.

그럼에도 개를 키우려는 당신에게

어떤 보호자는 저희 센터에 상담을 하러 와서는 자신의 반려견보다 옆집 개 이야기를 더 많이 하기도 했습니다. 이웃에서 키우는 개가 담을 넘어 마당까지 들어와 자신이 키우던 반려견을 물어서 죽기 직전까지 갔다는 이야기였습니다. 하소연을 하던 그분은 감정이 격해지셨는지 눈물까지 흘렸습니다. 사고가 나기 전부터 그 옆집 개들은 자신이 반려견을 데리고 마당에 나올 때마다 미친 듯이 짖으면서 담을 넘어오려 했다고 합니다. 그래서 그 집에 찾아가 여러 차례 부탁을 했는데도 변한 것은 없었다고 합니다. 더 놀라운 것은 결국 그 개들이 담을 넘어 들어와 사고를 쳤는데도 그 집 주인은 아무런 조치도 취하지 않았다는 겁니다. 지금도 여전히 자신이 개를 데리고 마당에 나가면 그 옆집 개가 미친 듯이 짖는다고 합니다. 그래서 결국 이사를 하기로 결심했는데, 이번에는 개를 키우는 이웃이 없는 곳으로 갈 생각이라고 하셨습니다.

* * *

왜 우리는 개를 이렇게 대충 키우는 걸까요? 개를 좋아한다면서 왜 개를 잘 키우는 것에는 관심이 없을까요? 그리고 우리 집 개가 짖는 게 다른 사람들에게 민폐를 끼치는 일이라는 걸 왜 모를까요? 아니, 개가 끊임없이 짖는데 정말 하나도 미안하지 않을까요? 옆집에 사는 사람들은 자신들이 원하지 않는 소음을 매일 들어야 하는데, 이걸 전원생활의 낭만 중 하나로 생각하고 이웃들도 그렇게 이해해 줄 거라 믿는 걸까요? 그렇다면 우리는 이런 사람들과 앞으로 어떻게 함께 살 수 있을까요?

개가 짖는 소리는 공사장 소음보다 더 시끄럽습니다. 또한 개 짖는 소리엔 감정이 실려 있기 때문에 계속 들으면 무척 고통스럽습니다. 나와 아무런 친분도 없는 사람이 내 옆에서 짜증스러운 말을 쉴 새 없이 내뱉는다면 얼마나 고통스러울지 한번 상상해 보세요. 개가 짖는 것도 마찬가지입니다. "개가 짖지 그럼 말을 하겠어요!"라고 소리치는 분을 본 적이 있는데, 저는 그분의 말이 개가 짖는 소리처럼 듣기 싫었습니다.

짖는 행동은 개들이 가진 다양한 대화 방식 중 하나입니다. 그래서 개들이 짖거나 소리를 낼 때 가만히 살펴보면 그 안에 나름의 이유가 있을 때가 많습니다. 그럼에도 개들은 짖는 것보다는 몸짓으로 대화하는 걸 더 좋아합니다. 아니, 좋아하는 것을 넘어 대부분의 대화를 몸짓으로 표현한다고 해도 과언이 아닙니다. 하지만 오로지 짖는 것으로 자신의 의사를 표현하는 개들도 있습니다. 그 이유는 보호자나 가까운 사람들이 개들이 몸으로 하는 이야기에 귀를 기울여 주지 않기

그럼에도 개를 키우려는 당신에게

때문입니다. 반려견들은 상대가 알아차릴 수 있도록 그들 나름대로 혼신을 다해 표현합니다. 유난히 많이 짖는 개가 있다면, 그건 짖을 때만 사람들이 알아봐 주었다는 걸 의미합니다. 몸으로 혹은 다른 방식으로 아무리 표현해도 보호자가 알아봐 주지 않기 때문에 어쩔 수 없이 짖는 행동을 할 수밖에 없었던 겁니다. 이 말은 결국 심하게 짖는 개가 있다면 그건 보호자가 개한테 관심이 없거나 반려견에 대한 지식이 부족하다는 것과 같습니다.

"개가 짖지 그럼 말을 하겠어요!"

이렇게 말하는 사람은 다른 사람들이 비명을 지르게 만든 다음, 그 비명 소리도 듣기 좋다고 말할지 모릅니다. 한마디로, 나쁜 사람입니다.

왜 사람들은 개를 대충 키울까요?

초인종 소리에
짖지 않게 하려면

⬠

"여보, 지금 일어나면 안 돼! 5분 뒤에 내가 가져올게."

주문한 음식이 도착했는지 초인종이 울렸습니다. 저는 현관
으로 나가려는 아내를 급하게 말렸습니다. 그리고 5분 후, 제
가 가서 배달 음식을 가져왔습니다. 치킨이 도착했는데도 5분
넘게 기다려야 하는 상황이 쉽진 않았지만 그래도 참아야 했
습니다.

결혼을 하고 여러 번 이사를 하는 동안 저희 부부는 매번
초인종을 없앴습니다. 초인종을 없애지 못할 때는 벨소리가
안 들리게 하거나, 우유 팩 같은 것으로 덮개를 만들어 초인
종을 사용하지 못하게 했습니다. 저는 초인종 소리가 울리는

왜 사람들은 개를 대충 키울까요?

순간 개들이 짖는 것을 몹시 싫어합니다. 갑자기 개들이 짖으면 저도 깜짝 놀라게 되고, 또 '나도 이렇게 싫은데 옆집 사람들은 얼마나 듣기 싫을까?'라는 생각이 들기 때문입니다. 어떤 사람들은 제가 반려견 훈련사이고 개를 좋아하니, 개들이 짖는 것쯤은 너그럽게 이해해 줄 거라 생각합니다. 하지만 죄송하게도 저 또한 개들이 짖는 소리는 듣기 싫습니다.

예전에 살던 집이 생각납니다. 옆집에 시바이누가 살았는데 툭하면 짖어 대서 무척 힘이 들었습니다. 사람만 보이면 짖으니 내 집 마당에 나갈 때조차 그 녀석의 눈치를 봐야 했습니다. 그 친구는 제가 마당에 있는 내내 쉬지 않고 짖었는데, 아마도 제가 자기 집 옆에 사는 게 못마땅했나 봅니다. 마당에 묶여 있던 녀석은 제가 출퇴근을 하거나, 마당에 나오는 게 유독 신경에 많이 거슬리는 것 같았습니다. 그 집의 남편 분은 귀가가 늦은 편이었는데, 그분이 밤 12시가 다 되어 들어올 때조차 그 녀석은 세상이 떠나가라고 짖어 댔습니다. 그러면 그분은 그 녀석과 똑같이 동네 골목이 다 울릴 정도로 욕을 해 댔습니다. "저 X새끼 좀 조용히 시켜!"

개들이 짖는 이유는 정말 다양합니다. 사람이 사용하는 언어만큼은 아니지만 반려견들도 자신이 느끼는 감정을 다양한 방식으로 표현하는데, 그중에는 짖는 행동도 있습니다.

그럼에도 개를 키우려는 당신에게

사실 개들의 짖는 행동은 인간들이 만든 것이라 해도 과언이 아닙니다. 약 100년 전까지만 해도 개들은 잘 짖었어야 했습니다. 잘 짖지 않는 개들은 집도 지키지 못하고, 사냥감을 위협하지도 못하니 번식할 기회도 얻지 못했을 겁니다. 결국 잘 짖는 개들이 후손을 많이 남기게 되었는데, 지금 우리는 그런 개들의 후손을 키우고 있는 겁니다.

그런데 현대사회에 오면서 개가 사람을 지키는 게 아니라, 사람이 개를 단속하고 지키는 상황으로 급변하게 되었습니다. 특히 사람들이 도시에 모여 살게 되면서 주거의 형태도 아파트 같은 집합 건물이 많아졌는데, 이런 환경에서는 잘 짖는 개일수록 문제가 될 가능성이 높습니다. 즉 도시에 살고 있는 개들에게 문제가 많은 것이 아니라, 도시라는 공간이 개들과 맞지 않는 겁니다. 실제로 반려견들의 행동을 교정하는 훈련사들은 시골에서는 할 일이 없습니다. 한적한 외곽 지역일수록 개들이 문제 행동을 일으키는 경우가 많지 않기 때문입니다. 이런 경향은 비단 한국뿐만이 아니라 해외도 마찬가지입니다.

시골에 사는 개가 분리 불안을 느낀다면 그냥 놔두면 됩니다. 사실 반려견의 분리 불안을 교정하려는 이유는 개 자체에 대한 걱정보다는 이웃들로부터 들어오는 민원 때문인 경우가 압도적으로 많습니다. 실제로 분리 불안은 따로 훈련하지 않고 그냥 놔두어도 됩니다. 그럼 반려견들도 천천히 극복하면서 결국엔 혼자 있을 수 있게 됩니다. 저 또한 훈련사로 일하며 서울이나 수도권처럼 도시에 사는 보호자들이 분리 불안 때문에 찾아오는 경우는 많이 봤지만, 시골의 단독주택에 사는 분이 분리 불안 때문에 찾아오는 경우는 아직까지 한 번도 없었습니다. 이렇게 반려견들이 보이는 여러 문제 행동들은 그들이 도시에 살고 있기에 생겨나는 일인 경우가 많습니다.

앞으로도 사람들은 계속 도시에서 살아갈 겁니다. 그리고 반려견을 키우고 싶어 하는 도시인들 또한 점점 늘어날 겁니다. 그래서 이 글에서는 개들의 짖는 행동을 이해하고 조절하는 방법을 알려 드리려고 합니다. 그전에 먼저 말씀드릴 것이 있습니다. 개를 아예 안 짖게 하는 방법은 없습니다. 덜 짖거나, 금세 멈추게 하는 것만 가능합니다. 그러니 개가 아예 짖지 않길 바라는 분들이 있다면 그런 분들은 개를 키우지 않는 게 낫습니다. 그런 분들은 개뿐만 아니라 다른 동물들도 키우지 않는 게 낫습니다.

✻ ✻ ✻

앞서 치킨을 배달하시는 분이 초인종을 눌렀을 때 제가

아내에게 현관에 나가지 말라고 했던 이유가 있습니다. 그건 반려견들이 초인종 소리와 그에 놀라서 반응하는 보호자의 행동을 연결 짓지 못하게 하고 싶었기 때문입니다. 우리는 배달과 택배의 나라 한국에 살고 있습니다. 보통 가정집이라면 하루에도 몇 번씩 택배나 배달이 옵니다. 빌라나 아파트에 사는 경우 이웃집에 오는 배달과 택배까지 다 합치면 정말 하루에도 수십 번 넘게 초인종이 울립니다. 사실 이런 환경에 살면서 짖지 않는 반려견이 있다면 그게 더 이상하다고 할 수도 있습니다. "아니, 이건 치킨이야! 네가 좋아하는 간식이 배달 왔다고!" 이렇게 개에게 소리치며 알려 줘도 아무 소용없습니다.

그런데 아주 특이하게도 초인종 소리에 전혀 반응을 하지 않는 개들도 있습니다. 저희 반려견 '바로'와 '매직'이가 그런 경우입니다. 바로는 헛짖음이 없기로 유명한 진돗개입니다. 실제로 진돗개를 키우시는 분들은 깔끔하고 정다운 성품에 반해 진돗개야말로 최고의 반려견이라고 칭찬합니다. 매직이는 말리노이즈인데, 경계심이 많은 견종입니다. 실제로 같은 말리노이즈인 저희 반려견 '대거'는 초인종 소리에는 반응하지 않지만, 누군가 집 근처에 나타나면 무섭게 짖습니다. 그런데 대거가 아무리 짖어 대도 매직이는 관심을 보이지 않습니다. 이런 매직이도 훈련할 때면 괴물처럼 변하는데, 또

집에 있을 땐 신기하게도 누워만 있습니다. 그래서 농담 삼아 '말리츄(말리노이즈+시츄)'라고 부르기도 하는데, 천성이 무척 낙천적이라 근심도 걱정도 거의 없어 보입니다. 이렇게 매직이처럼 누가 오든 말든 관심을 보이지 않는 친구들은 어디서든 잘 키울 수 있습니다.

모든 개들이 매직이나 바로 같으면 좋겠지만, 사실 알고 보면 오히려 이 녀석들이 특이한 경우입니다. 대거 같이 낯선 사람을 경계하는 게 개들에겐 지극히 정상적인 행동입니다. 아니, 낯선 사람을 보고 짖는 것이야말로 개들의 본성이라 할 수 있습니다. 솔직히 말해, 짖는 게 문제가 아니라 계속 짖을 수밖에 없는 환경에서 개를 키우는 것이 문제입니다. 그리고 그런 환경에서 개를 키우면서 아무런 교육도 하지 않는 사람이 더 문제인 겁니다.

집 밖에서 소음이 들릴 때 짖는 것도 견종에 따라 꽤 차이가 납니다. 스피츠Spitz를 키우는 보호자가 너무 짖어서 고민이라고 하면 저는 당연한 일이라고 생각할 겁니다. 하지만 똑같은 고민을 골든리트리버를 키우는 분이 한다면 저는 이상하게 여기면서 무슨 사연이 있는지 알아보려 할 겁니다. 물론 같은 견종일지라도 개체별로 차이가 분명히 있습니다. 다만 견종마다 고유의 특성을 지니고 있다는 사실 또한 무시할

순 없습니다. 앞에서도 말씀드렸지만 말리노이즈라는 견종은 경계심이 매우 강한 편임에도 매직이는 잘 짖지 않습니다. 매직이의 이런 개체적 특성은 자신의 아빠에게서 물려받은 것입니다. 매직이의 아빠는 독일에 사는 '보위'라는 친구였는데, 성품이 온화하고 사람들에게 친절한 것으로 유명했다고 합니다. 후손도 많이 남겼다고 하니 전 세계에 보위의 유전자를 가진 말리노이즈도 무척 많을 겁니다. 이렇게 특정한 유전자를 가진 반려견들을 가려내 번식하는 일은 장애인을 보조하는 반려견들을 양성할 때 더욱 유용합니다. 같은 리트리버라 해도 유독 더 충동성이 적고 스트레스에 덜 민감한 친구들이 있습니다. 그리고 보위처럼 번식 과정에서 그런 유전자를 자손에게 잘 물려 주는 친구들도 따로 있습니다. 아무리 머리가 좋고 학습이 빠른 반려견이라 해도, 애초에 이런 유전자를 타고나지 못했다면 사람들이 원하는 안내견이 되기는 어렵습니다. 교육도 중요하지만 어쩌면 그보다 더 중요한 건 타고난 성품이라 할 수 있습니다.

유럽에는 반려견을 전문적으로 번식하는 '브리더breeder'가 있고 이들을 통해서 반려견을 입양하는 문화가 잘 정착되어 있습니다. 브리더들은 일정한 기준을 세워 놓고 이를 충족시키지 못하는 반려견들을 번식에서 제외함으로써 품종을 관

왜 사람들은 개를 대충 키울까요?

리합니다. 아무리 예쁘고 건강해도 성격이 예민하거나, 사람이나 다른 동물들에게 공격성을 보이면 가차 없이 번식에서 제외시킵니다. 몇 년 전에 독일의 한 반려견 대회에서 1등을 한 말리노이즈가 있었는데, 시상식에서 옆에 있던 사람을 무는 사고를 저질렀습니다. 그 일로 그 개가 받은 상은 바로 무효 처리가 되었습니다. 대회에서 1등을 할 정도로 뛰어난 능력을 가진 개였지만 이후 독일에서는 아무도 이 개와 번식을 하고 싶어 하는 사람이 없었다고 합니다.

오스트리아에서는 반려견을 번식하려면 훈련 대회 성적과 도그 쇼에 참가해서 받은 성적이 필요합니다. 이 2가지 성적은 반려견이 얼마나 건강한지 그리고 성품은 어떤지를 확인할 수 있게 도와줌으로써 몸과 마음이 모두 건강한 반려견들만 번식할 수 있게끔 통제하는 효과가 있습니다. 이런 이유 때문에 스피츠는 예민하고 신경질적이어서 잘 짖는다는 우리나라의 통념이 유럽에서는 잘 안 통할 수도 있습니다. 스피츠라는 견종을 번식하는 전문적인 브리더들이 예민하고 신경질적인 녀석들에게는 번식의 기회를 아예 주지 않기 때문입니다. 하지만 안타깝게도 우리나라에는 전문 브리더가 없습니다. 돈만 된다면 그저 마구잡이로 번식을 시키는 장사꾼들만 있을 뿐입니다.

이제 와서 이런 말들을 하는 것조차 의미가 없을지도 모르겠습니다. 어쨌든 우리는 그렇게 아무렇게나 태어난 강아지들을 입양해서 키우고 있으니까요. 그래서 짖는 행동을 조금은 줄일 수 있는 방법을 하나 알려 드리려 합니다. 효과도 있고, 훈련도 어렵지 않으니 꼭 한번 해 보시기 바랍니다.

집 안에서 산책하기

야외에서 산책을 하는 것과 똑같이 집 안에서 줄을 매고 걸어 다니거나 앉아서 쉬는 훈련을 말합니다. 평소 헛짖음이 많은 반려견일 경우, 짖는 횟수를 줄이거나 흥분을 가라앉히는 데 아주 효과적인 훈련입니다. 또한 줄을 심하게 당기는 행동을 교정해 주는 효과도 있습니다. 훈련 방법은 아주 단순하지만, 꾸준히 연습한다면 반려견의 정서를 안정시키는 데 많은 도움을 줄 겁니다. 순서는 다음과 같습니다.

산책을 나갈 때와 똑같이 반려견에게 줄을 맵니다.
가능하면 정말 산책을 나가는 것처럼 보호자도 옷을 갖춰 입으면 좋지만, 편안하게 입어도 상관없습니다.

리드줄의 길이는 2m 이내가 좋습니다.

집이 150평이 넘고, 마당이 3,000평이라면 줄 길이가 더 길어도 상관없을 겁니다. 하지만 우리는 대부분 20~40평 정도의 집에서 살고 있으니, 2m 정도면 충분합니다.

되도록 목줄을 사용합니다.

물론 가슴줄도 괜찮습니다. 하지만 가능하다면 목줄을 사용해 주시기 바랍니다.

준비가 됐다면, 이제 줄을 잡고 집 안을 걸어 다니세요.

처음에는 반려견 뒤에서 따라다니는 것이 좋습니다. 지금은 통제보다는 줄을 맸다는 것을 반려견에게 상기시켜 주는 것이 먼저입니다. 그리고 줄을 맸지만 밖에 나가지는 않을 거라는 걸 알려 주는 게 두 번째입니다.

말은 되도록 하지 마세요.

집 안 산책을 하면서 그동안 자신이 반려견에게 얼마나 말을 많이 하고 있었는지 생각해 보시기 바랍니다. 어떤 분은 마치 아기한테 하듯이 뭔가를 할 때마다 하나하나 다 이야기를 하기도 합니다. "이제, 줄 매자.""밖에 나가면 재밌을 거야.""천천히 걸어야지.""아구, 잘했어!"

집 안 산책을 하는 동안에는 되도록 말을 하지 마세요.

사실 말을 많이 하는 게 반려견에게는 전혀 도움이 되지 않습니다. 아무리 말해 봤자 반려견에게는 이렇게 들릴지도 모릅니다. "어이, 김대리! 내 휴대폰 못 봤나? 어딨지? 회의에 또 늦겠네. 아니, 근데 서류도 안 가져왔네. 혹시 나 대신 3층에 다녀와 줄 수 있겠나? 아이고, 정신이 하나도 없네. 그리고 말이야, 3층에 가면 내 휴대폰도 한번 찾아봐 줘. 땡큐!" 이런 말이 반려견에게 무슨 소용이 있을까요? 반려견에게 좋은 보호자, 훌륭한 리더가 되고 싶다면 무조건 말을 줄여야 합니다.

줄은 꼭 잡고 계세요.

집 안을 산책하는 동안 줄을 잘 잡고 있어야 합니다. 이 훈련의 목적은 반려견이 가고 싶은 대로 두는 게 아닙니다. 지금은 줄을 잡고 천천히 반려견 뒤를 따라다니지만 잠시 후엔 그렇게 하지 않을 겁니다. 어쨌든 지금은 줄을 잘 잡고, 말은 하지 않으면서 천천히 따라다니기만 하면 됩니다.

이제부터는 보호자가 리드합니다.

10~15분 정도 따라만 다니면 산책을 나가는 줄 알았던 반려견도 뭔가 이상하다는 생각이 들 겁니다. 이제 줄을 꽉 잡고 보호자가 가고 싶은 곳으로 걸어갑니다. 이때 반려견이

왜 사람들은 개를 대충 키울까요?

따라오지 않는다면 줄을 세게 잡아당기지 말고 그냥 그 자리에 멈춰 서 있으세요. 여기서 중요한 것은 반려견이 따라오지 않겠다고 줄을 당길 때도 보호자는 아무것도 하지 않고 그대로 있어야 한다는 겁니다. 줄을 느슨하게 풀어 주지도 말고, 내 쪽으로 세게 당기지도 말고, 그냥 그 상태 그대로 있으면 됩니다. 그리고 앞에서도 말했듯이 아무 말도 하지 말고, 칭찬이나 간식 같은 것도 주지 말고 그냥 그렇게 있으세요. 보호자는 주방 쪽으로 가려고 하는데 반려견은 거실 쪽으로 가려고 한다면, 그냥 그 팽팽함을 유지한 채 가만히 있으면 됩니다. 반려견이 거실 쪽으로 가려는 마음을 포기할 때까지 줄을 팽팽하게 잘 잡고 있다가, 반려견이 행동을 멈추면 그때 줄을 서서히 풀어 줍니다. 반려견이 왜 못 가게 하냐는 표정으로 쳐다보더라도 그냥 두세요. 다시 반려견이 줄을 당기면서 거실 쪽으로 가겠다고 하면 다시 줄을 팽팽하게 잡고 버티면 됩니다. 이 동작을 반복하다 보면 어느 순간 반려견이 보호자에게 다가올 겁니다. 바로 그때 간식을 주거나 칭찬을 해 주세요. 그리고 다시 줄을 잡고 보호자가 가려던 방향으로 가면 됩니다.

보호자의 리드를 따르게 됩니다.

이렇게 반복하다 보면 반려견은 줄을 잡고 있는 보호자

를 따라가야 한다는 것을 배우게 됩니다. 더불어 보호자가 자기보다 강한 사람이라는 것도 느끼게 됩니다.

꾸준히 연습해 보세요.

매일 두 번씩, 2주 동안 이렇게 훈련을 하면, 줄을 매는 순간 반려견은 얌전하게 보호자 옆으로 올 겁니다.

이제 초인종 소리를 들려 주세요.

반려견이 이 행동을 완전히 습득하고 나면, 집 안 산책을 하는 도중 현관문을 노크하는 소리나 초인종 소리를 들려 주세요. 가족 중 한 사람이 문밖에 나가 노크를 하거나 초인종을 누르면 됩니다. 이때 보호자는 당연히 줄을 잡고 있어야 합니다.

집 안을 산책하는 훈련은 매우 단순하지만, 반려견의 일상과 교육에 중요한 밑바탕이 되어 줄 겁니다. 많이 하면 좋으나 적게 해도 효과가 있을 테니 꼭 한번 시도해 보시기 바랍니다.

왜 사람들은 개를 대충 키울까요?

반려견을
두 마리 키운다는 건

촬영 때문에 방문했던 집이 있습니다. 단독주택이었는데 입구로 들어서니 타일과 자갈로 꾸며진 정원이 나왔습니다. 도시 안에 있음에도 규모가 꽤 큰 주택이었고, 마당도 50평 정도는 돼 보일 만큼 넓었습니다. 개를 9마리나 키우는데도 마당은 깔끔하게 정돈이 되어 있었습니다. 집 안에도 인테리어 소품 같은 건 별로 보이지 않았고, 그저 단정한 느낌의 소파와 카펫 정도가 전부였습니다. 보호자가 차를 준비하는 동안, 저는 집 안에 30kg은 족히 넘는 반려견들이 즐비한데 이녀석들이 실수로 밀치기라도 하면 찻잔이 떨어지는 건 아닐지 걱정이 되었습니다. 그래도 거절할 수는 없어 고맙게 차를 받아 마셨습니다. 저랑 보호자가 자리에 앉자 잠시 후 반려견

왜 사람들은 개를 대충 키울까요?

9마리가 모두 거실에 엎드린 채 가만히 있었습니다. 보호자는 전문 훈련사도 아니었습니다. 그저 개가 좋아서 오랫동안 많이 키웠던 분이셨는데, 그 광경을 본 저는 대단한 고수를 만났다는 생각이 들었습니다.

　반려견이 9마리나 되는 상황에서 일일이 엎드리라고 명령을 하지 않아도 보호자가 자리에 앉자마자 모든 개가 엎드린다는 건 그동안 보호자가 교육을 무척 잘했다는 의미입니다. 이런 게 가능할 수 있었던 건, 개들에게 명령을 통해 어떤 동작을 가르치는 걸 넘어 보호자가 무리의 리더로서 행동했다는 증거입니다. 쉽게 말해, 무조건 명령만 따르라고 가르친 게 아니라 리더를 믿고 그의 행동을 모방하고 싶게 분위기를 만들었다는 겁니다. 사람들도 누군가를 믿고 존경할 때 그 사람의 행동을 따라 하려는 경향을 보입니다. 그렇게 하는 게 멋져 보이고 또 자신에게도 이득이 될 것 같기 때문입니다. 반려견이 보호자를 존경하는 것도 이와 비슷합니다.

　이건 보호자가 독재를 하되, 리더의 역할을 제대로 수행했다는 말과 같습니다. 여러 마리가 함께 사는 다견 가정일수록 보호자들이 많이 실수하는 것 중에 하나가 민주주의 시스템을 적용하는 겁니다. 의제를 상정하고 그에 대한 반려견들의 반응을 살피면서 어떻게든 민주적으로 질서를 유지하려고 하는 겁니다. 겉보기에는 무척 멋있어 보이나, 이건 개라는 존재를 모르는 사람만이 시도할 수 있는 발상입니다.

반려견은 어쩔 수 없이 동물입니다. 그들에게 생존은 최우선 과제이기에 때로는 이기적인 행동도 서슴지 않습니다. 자신이 보호자에게 이쁨을 받으면 그만이지, 저쪽에 혼자 외롭게 누워 있는 다른 반려견까지 신경을 쓰진 않습니다. 만약 보호자가 힘이 센 반려견이 상대적으로 힘이 약한 반려견을 돌봐 줘야 한다고 생각한다면 이는 다견 가정을 이끌기엔 매우 부적절한 태도라 할 수 있습니다. 어쩌면 부적절함을 넘어 위험한 상황을 만드는 나쁜 리더가 될 수도 있습니다. 이건 마치 왕따 사건이 일어났을 때 선생님이 가해 학생과 피해 학생을 함께 불러 친구들끼리는 사이좋게 지내야 한다고 한가하게 훈계를 하는 것과 같습니다. 반을 이끌어 가야 할 선생님이 이런 식으로 안일하게 대응한다면 가해 학생은 웃으면서 교실로 돌아가고, 피해 학생은 피눈물을 흘리며 위험한 선택을 하게 될 수도 있습니다. 반려견의 세계도 마찬가지입니다. 모두를 똑같이 사랑한다면 상황에 맞게 다른 대우를 해 줘야 합니다. 또한 모두에게 똑같이 적용되는 규율이 있어야 하고, 보호자 자신부터 그 규율을 잘 지켜야 합니다.

이 보호자는 이런 걸 모두 알고 계신 것 같았습니다. "훈련사님, 저기 멀리 있는 작은 애가 '베르'인데요, 쟤가 가장 약한 친구예요. 제 옆으로 오고 싶어 하지만, 지금은 못 올 거예요. 와도 제가 아는 척 안 하겠지만요. 베르는 이따가 혼자 산책 데리고 나가서 많이 예뻐해 줄 거예요." 가장 약한 녀석이 누구인지 알고, 자신에게 오고 싶어 하는 마음도 이해하지만, 당장 가서 예뻐해 주면 안 된다는 것도 아는, 자신의 감정을 절제하며 무리를 이끄는 진정한 리더이자 어머니의 모습이었습니다. 여러 마리의 반려견을 키운다는 건 기쁨과 행복 또한 몇 배 더 큰 일이지만, 무조건 더 좋을 거라고만 생각해서도 안 됩니다. 저는 자주 이렇게 비유합니다.

"한 마리를 키우는 건 취미 생활에 가깝고, 3마리를 키우는 건 부부가 창업을 시작한 것과 비슷하며, 5마리를 키우는 건 직원이 한 자릿수인 회사를 운영하는 것이고, 7마리가 넘어가면 직원이 두 자릿수인 회사의 대표가 되는 것과 같습니다."

한 마리를 키울 때는 그냥 마음 가는 대로 키워도 그다지 큰일이 생기지 않습니다. 그런데 반려견이 2마리 이상이 되면, 그 둘 사이에 오해나 다툼이 생길 수 있습니다. 개들 사이에 문제가 발생하지 않도록 미리 예방하고, 갈등이 생겼을 때

그럼에도 개를 키우려는 당신에게

이를 현명히 잘 해결해야 하는데, 바로 이때 보호자의 자질과 역량이 드러나게 됩니다.

한 마리를 키울 때는 보호자가 거의 모든 행동의 주체가 되고 반려견은 그저 보호자에 대해 반응만 하게 됩니다. 보호자가 밥을 주면 반려견이 밥을 먹는 식인 거죠. 근데 반려견이 두 마리가 되면, 내가 보호자이고 행동의 주체임에도 불구하고 반려견들이 상황을 주도하게 됩니다. 그 두 마리가 상호 작용하며 벌이는 행동들과 상황이 역으로 보호자에게 영향을 미치는 겁니다. 이때 어떤 보호자는 중심을 잘 잡고 문제가 무엇인지 정확히 파악한 후 적절히 대응합니다. 그리고 갈등을 미리 예방할 수 있는 방법들도 찾아냅니다. 하지만 어떤 보호자는 당황한 나머지 상황을 통제하지 못하고 그저 멍하니 바라만 봅니다. 밥을 먹다 어린 자녀가 국그릇을 엎었다고 해 봅시다. 저라면 그냥 웃으면서 치우는 걸 도와줄 겁니다. 하지만 아이가 자기는 꼼짝도 안 하면서 저더러 치우라고 하면 그때는 마냥 웃을 수만은 없습니다. 반려견을 키울 때도 이렇게 상황들을 잘 구분해야 합니다. 늘 똑같이 대응하거나 얼렁뚱땅 넘겨서는 안 됩니다.

지금부턴 아주 구체적인 상황을 상정하고 이야기를 해 보려 합니다. 조건은 반려견을 처음 키워 보는, 30평대 아파

왜 사람들은 개를 대충 키울까요?

트에 사는 신혼부부로 가정하겠습니다. 물론 어떤 분들은 이런 상황에서도 얼마든지 반려견들을 잘 키울 수 있을 겁니다. 단지 여기서는 설명을 위해 '문제 상황'을 가정하고 이야기를 하는 것뿐입니다.

2개월 된 어린 강아지를
동시에 입양한 경우

반려견을 처음 키우는 분들 중에는 어린 강아지 2마리를 동시에 입양하는 경우가 종종 있습니다. 형제 둘을 동시에 입양하는 경우도 있고, 반려견을 판매하는 사람이 한 마리만 키우면 외롭다고 해서 2마리를 입양한 사례들도 꽤 많습니다. 또, 남편과 아내가 키우고 싶어 하는 견종이 달라 각각 한 마리씩 동시에 입양하는 경우도 있습니다. 만약 반려견을 처음 키우는 경우라면 이렇게 어린 강아지 2마리를 동시에 입양하는 건 말리고 싶습니다.

반려견 없이 사는 일상과 반려견을 키우는 삶 사이에는 큰 차이가 있습니다. 반려견은 가만히 있지 않습니다. 특히나 어린 강아지라면 더욱더 가만히 있지 않습니다. 만약 그 강아지가 보더콜리Border Collie나 웰시코기Welsh Corgi라면 특히 깨무는 행동이 심각할 겁니다. 하지만 이건 문제 행동이 아니라 사춘기 때 나는 여드름 같은 거라서 그저 잘 지나갈 수 있게 도와주어야 합니다. 그런데 반려견을 처음 키워 보는 초보 보호자들은 만지기만 하면 물어 대고 온갖 물건들을 다 씹어 놓는 강아지를 보며 심각한 문제로 받아들이는 경우가 많습니다. 또, 2개월 된 어린 강아지는 하루에 소변을 30번 넘게 봅니다. 2마리를 키운다면 60번이 넘어갈 테니, 그 뒤치다꺼리를 하는 일이 쉽지만은 않습니다. 이 모든 걸 잘 알고 있는 경험이 많은 사람에게도 동시에 어린 강아지 2마리를 키우는 건 만만치 않은 일입니다. 그래서 말리고 싶은 겁니다.

그럼에도 키우고 싶다면, 제가 드리고 싶은 가장 중요한 조언은 두 마리가 서로 의지하지 않고 각자 성장할 수 있게 도와주라는 겁니다. 보호자들은 자신이 키우는 반려견들을 형제라고 생각하는 경향이 있습니다. 그래서 반려견들이 서로 의지하며 사이좋게 지내기를 바랍니다. 하지만 생각해 보면 사람들도 형제들끼리 평생 같이 살지는 않습니다. 성인이 된 후에도 매일 형제와 식사를 하는 사람은 거의 없습니다. 근데 개들한테는 형제니까 평생 같이 자고 같이 먹으면서 사이좋게 지내라고 합니다. 어찌 보면 이것 자체가 반려견들에게는 고통스럽고 무리한 부탁일 수 있습니다.

실제로 한 어미에게서 태어난 강아지들을 함께 키우는 건 서로를 더욱 싫어하게 만드는 결과를 낳기도 합니다. 반려견들에게는 근친 번식을 하지 않으려는 본능이 내재되어 있습니다. 결국 형제들은 서로 사이가 멀어져야 근친 번식을 피할 수 있고, 유전적으로도 건강한 자손을 만들어 낼 수 있게 됩니다. 또한 생후 2개월이 되면 반려견들은 어미와 형제를 떠나 새로운 가족을 형성해야 하는 시기를 맞게 됩니다. 앞으로 어떤 존재를 삶의 축으로 삼고 살아갈 것인가를 선택하는 순간이 오는 겁니다. 이때 대부분의 반려견들은 보호자를 삶의 축으로 선택하고 그를 믿고 따르며 좋아하게 됩니다. 때로는 의지하고 때로는 기다리면서 앞으로 보호자와 함께 삶을 꾸려 나갈 준비를 하게 되는 겁니다.

이렇게 생후 2개월이라는 시기는 강아지가 자연스럽게 어미와 형제들과 헤어지고 새로운 가족을 만나야 하는 아주 중요한 때입니다. 이때 삶의 축이 되어 줄 보호자가 옆에 없고 비슷한 또래의 강아지하고만 하루 종일 같이 있게 되면, 보호자가 아니라 옆에 있는 강아지에게 의지하는 삶을 선택하게 됩니다. 이렇게 자란 반려견들 중엔 보호자에 대한 분리 불안은 없는데, 동료 개에 대한 분리 불안을 보이는 경우도 있습니다. 개가 개를 의지한다는 건 동화처럼 아름다운 이야기일 뿐 실제로 그들의 삶에는 전혀 도움이 되지 않습니다. 반려견이 누군가를 의지해야 한다면 그 존재는 반드시 사람이어야 합니다.

3살 된 리트리버를 키우던 중, 2개월 된 소형견을 입양한 경우

꽤 안정적인 선택으로 보입니다. 리트리버가 3살 정도 되면 질풍노도라 불리는 장난꾸러기 시기는 이미 지나갔거나 거의 끝나 갈 무렵입니다. 또한 3년 동안 가족들의 사랑을 받으면서 개에서 반려견으로, 강아지에서 성견으로 잘 성장했을 겁니다. 그동안 반려견은 자기밖에 없었으니 사람에게 의지하는 일상을 살았을 것이고, 오랫동안 산책을 다니면서 다른 반려견도 많이 만나 봤을 겁니다. 보호자도 3년 동안 리트리버를 키우면서 이런저런 경험치가 많이 쌓였을 겁니다. 말썽만 피우던 녀석이 어느새 성견이 되어 손 갈 일도 많이 없으니, 강아지를 키우면서 고생했던 것들은 홀라당 다 까먹고 한없이 예쁘고 귀엽던 강아지 시절을 그리워하는 경우도 많습니다. 이런 망각 때문인지 실제로 리트리버가 두세 살이 되면 새로 어린 강아지를 입양하는 보호자들이 꽤 많습니다. 고

생스럽기만 했던 그 시절이 너무 그립다고 하면서 말입니다.

여하튼 이렇게 대형견을 몇 년 정도 키운 경험이 있는 분들은 어린 소형견을 입양해도 웬만하면 다 잘 키웁니다. 리트리버를 키웠던 분들이 어린 몰티즈를 입양했다면 아마도 아들만 키웠던 분들이 늦둥이로 막내딸을 키우게 된 것처럼 행복할 수도 있습니다. 몰티즈는 리트리버에 비하면 먹는 양도 정말 적고, 음식을 흘리지도 않으며, 변기에 있는 물을 마시지도 않으니까요. 너무 물을 안 먹어서 어쩌면 물그릇을 들고 다니면서 떠먹여 주고 싶을 수도 있습니다. 또 리트리버는 두 손으로 대변을 치워야 했다면 몰티즈는 엄지와 검지로 살포시 집어서 버리면 됩니다.

이때 조심할 것은 두 번째로 입양한 강아지가 응석받이로 클 가능성이 높다는 겁니다. 산책할 때 보면 리트리버는 의젓한데, 옆에 있는 소형견이 오히려 앙앙거리면서 날카롭게 짖어 대는 경우를 자주 볼 수 있습니다. 리트리버 같은 대형견을 키울 때는 조금만 실수해도 사고가 날 수 있다는 걸 알기에 보호자들은 좀 더 경각심을 갖고 교육에도 신경을 많이 씁니다. 근데 이런 경험을 가진 분들일수록 소형견은 대충 키우는 경향을 보입니다. 리트리버를 키울 때 쏟았던 정성과 노력의 반만 기울여도 두 번째 소형견은 아주 훌륭하게 잘 키울 수 있을 거라 생각합니다.

10살 된 소형견을 키우던 중,
2개월 된 대형견을 입양한 경우

보호자가 기존의 나이 든 반려견과 사이가 좋고, 노견이 새로 입양한 강아지와 감정적으로 별다른 갈등을 겪지 않으며, 집도 충분히 커서 두 반려견을 분리하는 데 문제가 없다면, 2마리를 모두 키워도 괜찮습니다. 여기서 전제는 2개월 된 대형견을 돌보고 교육해 줄 사람이 따로 있어야 한다는 겁니다. 그런데 만약 보호자 한 명이 노견 친구도 돌보고 2개월 된 대형견도 돌봐야 한다면 좀 걱정이 됩니다. 보호자가 무릎에 노견 친구를 올려놓은 채 2개월 된 대형견 강아지가 노는 것을 그저 구경만 하는 상황이면 괜찮겠지만, 강아지가 자기도 보호자 무릎에 올라가겠다며 노견 친구를 밀어내는 일이 벌어지면 문제가 생깁니다. 만약 대형견 강아지가 보호자를 좋아하고 의지하고 싶어 하는데 보호자가 다른 사람의 도움 없이 이 강아지도 돌봐야 하는 상황이라면, 머지않아 나이 든 반려견은 자신이 더 이상 이 강아지와 경쟁할 수 없다는 걸 깨닫고 스스로 보호자를 멀리하게 될 겁니다. 이렇게 되면 보호자 또한 상처를 받을 수밖에 없습니다.

하지만 앞서 말한 것과 같이 두 반려견을 충분히 분리할 수 있고, 대형견 강아지를 책임지고 관리해 줄 다른 사람이 존재한다면, 이 강아지가 자라서 성숙한 반려견이 될 때까지 좀 떨어져서 지내면 됩니다. 이 시기만 잘 넘긴다면 모두가 어울려서 살 수 있는 날이 반드시 올 겁니다. 만일 같이 둬도 괜찮을 거라는 안일한 생각으로 두 반려견을 한 공간에 두게 되면 얼마 안 가 나이 든 반려견은 몸도 마음도 아프게 될 겁니다. 이 점을 꼭 유의하길 바랍니다.

5살 된 차우차우 수컷을 키우던 중,
3살 된 블랙 래브라도리트리버 수컷을 입양한 경우

이 조합을 듣는 순간 저는 탄식을 내쉴 수밖에 없습니다. 물론 같은 견종 안에도 다양한 성격의 개체가 존재하므로, 단지 견종만 보고 반려견의 성격을 모두 규정할 수는 없습니다. 그럼에도 견종마다 고유의 특징이 존재한다는 걸 무시해서도 안 됩니다. 견종적 특성은 마치 체격 조건과도 같아서 유전되는 경향이 매우 강합니다. 5살 된 차우차우 수컷이 사는 집에 3살 된 래브라도리트리버Labrador Retriever 수컷이 들어온다…. 아마도 이때 가장 중요한 것은 차우차우의 성격일 겁니다. 여유롭고 다정한 차우차우라면 문제는커녕 절친

이 생겼다며 좋아할 수도 있습니다. 물론 래브라도리트리버라는 견종도 다정한 편이긴 합니다. 하지만 이 조합이 어떤지 제게 의견을 묻는다면 저는 무조건 반대할 겁니다. 제가 차우차우를 키우고 있는데 누군가 다 큰 블랙 래브라도리트리버 수컷을 한 달 정도 맡아 줄 수 있냐고 묻는다면 저는 그렇게 할 수 없다고 말할 겁니다. 비유하자면 이건 한 여자가 자신의 애인한테 친한 남자 친구하고 한 달 동안 유럽 여행을 가도 되냐고 물어보는 것과 같습니다. 물론 이를 용인해 주는 남자도 있겠지만 아마도 절대 안 된다고 하는 남자들이 훨씬 더 많겠죠?

제가 이토록 이 조합을 반대하는 이유는 차우차우라는 견종이 유독 경계심이 강한 편이기 때문입니다. 또 하나, 리트리버의 견종적 특성도 함께 고려해야 합니다. 리트리버 중에서도 래브라도리트리버는 사람을 잘 무는 견종을 꼽을 때 5위(미국 기준) 안에 들 만큼 경계심이 강합니다. 특히 수컷 블랙 래브라도리트리버는 '수컷 간 공격성intermale aggression'이 강한 편에 속합니다. 결국 이렇게 경계심이 강한 두 견종을, 그것도 수컷끼리 함께 키운다는 건 좋은 선택이라 할 수 없습니다. 물론 아무 문제 없이 잘 지낼 수도 있습니다. 하지만 저라면 평소에 아무리 잘 지낸다고 해도, 둘만 있는 건 절대 허용하지 않을 겁니다.

8개월 된 진돗개를 키우던 중,
2살 된 보더콜리를 입양하는 경우

이건 뭐랄까, 라면 중에 짜파게티와 너구리를 함께 끓이는 '짜파구리'라는 음식이 있는데, 딱 그 느낌입니다. 말도 안 될 것 같은 음식 두 가지를 섞었는데 그 궁합이 너무도 잘 맞을 때처럼, 이 두 견종이 딱 그렇습니다. 진도와 스코틀랜드의 지형이 비슷해서 그런가 하는 생각까지도 드는데, 어쨌든 이 두 견종은 이상하게 잘 어울려서 인상이 깊게 남았습니다. 진돗개의 예민함이 보더콜리의 달리기 실력과 상대를 능욕할 만큼 좋은 지능에 의해 희석되는 경우도 많이 보았습니다. 진돗개가 예민하고 소극적인 행동을 보일 때면 보더콜리는 같이 예민하게 되받아치지 않고 "뭐야 너? 그냥 나랑 같이 놀자!" 이러면서 그냥 진돗개를 데리고 놉니다. 이를 본 진돗개는 마치 외국어 학원에 처음 간 학생처럼 두리번거리다 곧 바보처럼 웃으며 같이 놉니다.

단, 여기서 두 견종의 성별엔 좀 주의를 하셔야 합니다. 중성화 수술을 하지 않은 수컷 진돗개라면 '수컷 간 공격성'이 꽤 높을 가능성이 있고, 보더콜리 또한 중성화 수술을 하지 않은 수컷이라면 문제 행동을 보일 수도 있습니다. 어쨌든

8개월 정도 된 어린 진돗개와 다 자란 보더콜리는 꽤 재미난 조합입니다. 두 친구가 넓은 장소에서 처음 만나 천천히 서로에게 다가갈 기회가 있다면 더할 나위 없이 좋을 겁니다.

보더콜리는 보호자를 무척 잘 따르는 견종입니다. 물론 진돗개도 그렇지만, 그럼에도 진돗개에게는 넘지 말아야 할 선 같은 게 있습니다. 아무리 좋아하는 보호자라도 진돗개는 "어? 거기는 만지면 불편해요!" 이런 식으로 반응합니다. 그런데 보더콜리는 마치 껌딱지처럼 보호자와 지나치게 밀착되어 지내는 경우가 종종 있습니다. 만일 이런 친구가 2살 이후 낯선 환경과 새로운 보호자를 맞이해야 하는 상황이 생긴다면 그 일 자체가 상처로 남을 수도 있습니다. 2살이 되기 전까지 보호자를 너무 좋아하고 잘 따르다가 헤어진 보더콜리라면 새롭게 만난 가족과 보호자를 마치 마지막 동아줄로 생각하며 집착에 가까운 반응을 보일 수도 있습니다. 물론 새로운 가족이 좋아서 그러기도 하겠지만, 이런 상황에서는 무엇보다 자신의 생존을 위해서 보호자를 과도하게 좋아하는 성향을 보일 수도 있는 겁니다.

만일 2살 된 보더콜리가 이런 상태라면 보호자에 대한 강한 애착이 질투심으로 바뀌어 어린 진돗개를 괴롭힐 수도 있습니다. 이런 이유 때문에 저는 다 큰 반려견을 입양할 때는 천천히, 아주 천천히 친해지는 것을 추천합니다.

아무리 좋은 사람이라도 당장 내일 결혼하자고 하면 이상하듯이, 반려견도 시간을 두고 천천히 친해지는 과정을 거쳐야 합니다. 특히 파양과 같이 사연이 있는 반려견의 경우 사람들은 하루라도 빨리 새로운 가족을 만나게 해 주려고 온갖 정성을 쏟게 되는데, 그 과정에서 너무 급하게 서두르다 오히려 일을 망칠 수도 있습니다. 그러니 새로운 가족과 만나고 적응하는 일은 아주 천천히, 세심하게 진행해야 한다는 걸 꼭 기억해 주세요.

반려견을
세 마리 이상 키운다는 건

반려견을 2마리 키우다가 1마리를 더 입양하는 분들도 많습니다. 이 경우는 앞에서 설명한 2마리를 키우는 상황보다 훨씬 더 복잡하고 어렵습니다. 가끔은 그냥 운에 맡겨야 하는 상황이 벌어질 수도 있고, 결국엔 절대 함께 살지 못하는 걸로 결론이 날 수도 있습니다.

저는 여러 마리의 반려견을 키우는 걸 무조건 나쁘다고 생각하지는 않습니다. 2마리라도, 3마리라도 너무 잘 키우는 분들이 많기 때문입니다. 엄마, 아빠, 딸, 이렇게 세 식구가 12마리나 되는 반려견을 아무 문제 없이 잘 키우는 걸 본 적도 있습니다. 이와는 반대로 가족이 5명이나 되는데도 반려견 1마리를 제대로 키우지 못하는 집들도 진짜 많이 봤습니다. 그럼에도 기준을 말씀드리자면, 가족 중 어른의 수가 그 집에서 키울 수 있는 반려견 수의 최대치라고 생각합니다. 어른이 2명이라면 그 집에서 키울 수 있는 반려견의 수는 2마리가 최대치인 것이죠. 만일 삼촌도 있고, 이모도 같이 산다면 더 키워도 문제가 되지 않습니다. 꽤 성숙한 중학생 친구가 있다면 물론 그 학생도 얼마든지 좋은 보호자가 될 수 있겠지만, 보수적으로 생각할 때 저는 여전히 성인의 숫자만큼이 한계치라고 생각합니다.

물론 혼자서 20마리도 키울 수 있습니다. 밥 주고, 똥 치워 주고, 운동장에 풀어놓고 뛰어다니게 해 주고, 이렇게만 해도 겉으로는 아무런 문제도 없어 보입니다. 근데 뭔가 조금 아쉬운 마음이 드는 것도 사실입니다.

제가 어릴 때 일했던 반려견 훈련소가 떠오릅니다. 그 당시 저는 어린 나이었지만 훈련소에서 숙식까지 하고 있는 상황이라 새벽 5시에 일어나 쉬는 시간도 없이 저녁 10시까지 일했습니다. 쉬는 날은 한 달에 이틀뿐이었는데, 이조차 오늘 저녁 7시에 나가면 그다음 날 저녁 7시까지 돌아와야 했습니다. 실제로는 24시간을 쉬는 것인데 왜 이걸 이틀로 계산했는지 모르겠습니다. 아무튼 당시엔 그런 것에도 불만이 없었습니다. 그저 나이 어린 저를 받아 줬다는 것만으로도 감지덕지

했기 때문입니다. 월급은 5만 원이었고, 밥은 알아서 각자 해
먹어야 했습니다. 당시엔 돈이 없어서 김하고 청국장만 1년
넘게 먹었던 것 같습니다. 입이 심심하면 개 사료를 주머니
에 넣고 다니며 하나씩 먹었는데, 한번은 어떤 보호자가 자기
반려견한테 주라고 사 온 반려견 쿠키를 제가 몰래 다 먹었던
적도 있습니다. 저녁 10시쯤 개들을 마지막으로 화장실에 보
내 주고 나면 11시가 넘어서야 일이 끝났습니다. 그때부터 공
부를 해 보겠다고 책을 펼치곤 했는데, 매번 5분도 안 돼서 잠
이 들고 말았습니다. 그 당시 주 5일제 근무가 한창 화제였다
는 걸 생각하면 어떻게 그러고 살았을까 싶기도 합니다.

　저는 아직도 그때 택시 기사 아저씨와 이야기를 나눴던
기억이 생생합니다. 라디오에서는 주 5일제 근무에 대한 토
론이 진행되고 있었습니다. 방송을 한참 듣던 기사님이 욕을
섞어 가며 혼잣말을 하기 시작했습니다. "에이! 누구는 하루
온종일 운전하고 한 달에 며칠 쉬지도 못하는데, 5일만 일하
겠다는 게 말이 돼!" 어린 저는 기사님의 혼잣말에 어떻게 대
답을 해야 할지 몰라 우물쭈물하고 있었습니다. 그러자 기사
님이 제게 "한 달에 몇 번 쉬어요?"라고 물어보셨습니다. 당
시 제 나이는 고작 17살이었습니다. 중학생 때부터 운동선수
생활을 하면서 고된 삶을 살았고, 사회생활도 일찍 시작한 편
이라 나이에 비해 좀 성숙해 보이긴 했지만, 지금 생각해도

17살짜리 아이한테 그런 질문을 했다는 게 좀 어이가 없기는 합니다.

"저는 한 달에 이틀 쉬는데요." "그니깐 말이야! 나라가 어떻게 되려고 그러는지! 공무원부터 먼저 주 5일제를 시행할 거라는데, 지금 사장님(저를 가리키는 말입니다)도 그렇게 쉬지 않고 열심히 일하시잖아요? 이게 말이 돼요?"

화가 난 기사님을 향해 저는 쭈뼛거리면서 맞장구를 쳐드렸습니다. 이제 와 생각해 보면, 그때 어떻게 그렇게 일을 많이 했는지 이해가 안 갑니다. 요즘 일요일 하루만 쉬고 일하라고 하면 그렇게 할 사람이 있을까요? 제가 뜬금없이 이런 이야기를 하는 이유가 있습니다. 주 6일을 일해도, 쉬는 날 없이 새벽부터 밤늦게까지 일해도, 살 수는 있습니다. 이와 마찬가지로, 개도 밥만 주고 똥만 치워 주며 되는대로 키운다 해도, 키울 수는 있습니다. 이런 식이라면 혼자 20마리도 충분히 키울 수 있다는 말입니다.

보호자 한 분이 상담 중에 이런 이야기를 해 주신 적이 있습니다.

"아들이 초등학교 때 작은 책가방을 메고 학교에 다녀오겠다며 집을 나섰는데, 학교에서 돌아올 때 보니 다 커서 들어오더라고요." 처음에 전 이 말을 잘 이해하지 못했습니다.

그러다 잠시 후 '아…, 그런 뜻이구나!' 했습니다. 너무 바쁘게 살다 보니 자식이 크는 것도 모르고 살았다는 의미였던 겁니다. 정신없이 사느라 잘 챙겨 주지 못했다는 미안함과 그럼에도 이렇게 잘 커 주어 고맙다는 말씀이었던 겁니다.

어떤 사람들은 반려견에게 밥만 주면서 자신이 할 도리는 다했다고 생각하기도 합니다. 또 어떤 사람은 밥만 줬지 잘해 준 게 없다며 미안함을 느끼기도 합니다. 왜 혼자 20마리를 못 키우겠습니까? 키우면 키우는 거지요. 밥만 잘 주면 얼마든지 포동포동하게 살이 오른 반려견으로 잘 키워 낼 수 있습니다. 혼자 살며 매일 출근하는 사람도 얼마든지 반려견을 키울 수 있습니다. 반려견 혼자 방구석에 방치해 두면 되니까요. 이게 무슨 문제라도 됩니까? 그렇게 둔다고 해서 개가 죽는 것도 아닌데요.

"강 선생, 저기 산 보이지? 10년 전에는 저게 바로 내 거였어! 저기서 내가 풍산개를 30마리까지 키워 본 사람이라고! 눈비 올 때 빼고는 맨날 산에 올라가 애들 밥 주고 똥 치워 주고 그랬지. 나 같은 애견인 본 적 있나? 아마 없을걸? 주위 사람들이 나보고 '개박사'래."

저는 개를 많이 키우는 사람이 곧 개를 사랑하는 사람이라고 생각하지 않습니다. 심지어 유기견을 10마리 입양했다고 해서 그 사람이 무조건 선한 사람이라고 믿지는 않습니다. 개를 많이 키우는 것은 결코 개를 위하는 일이 아닙니다. 그건 그저 개를 많이 소유하고 싶어 하는 사람의 욕망일 뿐입니다. 하지만 여러 마리를 키운다고 해서 무조건 비난하지도 않습니다. 앞에서 말했던 것처럼 여러 마리라도 정말 잘 키우는 사람들이 있기 때문입니다.

많은 개들을 잘 키워 냈던 사람들의 공통점이 있습니다. 앞으론 이렇게 많이 키우지 않겠다고 스스로 다짐을 한다는 겁니다. 9마리를 키웠던 분이 했던 말이 생각납니다. "제가 선택해서 데리고 온 개들이니 어쩔 수가 없네요. 내 평생에 개는 이제 이 친구들뿐이라 생각하고 마지막 날까지 모두 잘 키워야죠. 그리고 나면 전 앞으로 평생 개를 키우지 않을 거예요." 제 경험상 이렇게 말하는 분들일수록 반려견들을 진심으로 잘 키우고 있을 확률이 높습니다.

그런데 이와 달리 끝도 없이 개가 늘어나는 집들이 있습니다. 처음엔 3마리였는데 어느 날 가 보니 10마리로 늘어나 있었습니다. 개들이 많아져서 결국 이사까지 하게 되었는데, 이사를 하고 난 후 다시 개를 더 입양해 나중엔 총 17마리까지 키웠던 보호자가 생각납니다. 불쌍한 개들은 다 집으로 데

왜 사람들은 개를 대충 키울까요?

리고 와야 직성이 풀리는 분이셨는데, 좀처럼 그 충동을 억제하지 못하는 것 같았습니다. 그분을 보면서 저는 그 집에서 살게 된 게 더 불쌍한 거 아닌가 하는 생각마저 들었습니다.

"보호자님, 이제 제발 그만 데리고 오세요. 지금 있는 친구들만 잘 키우시라고요! 저 강아지는 이제 4개월인데 아직 제대로 된 교육도 못 받았고, 앞도 못 보는 저 녀석은 자꾸 새로운 개가 집에 들어오니 스트레스 받아서 빨리 죽을지도 몰라요!"
"그럼 어떡해요. 제가 데려오지 않으면 안락사당한다는데….."

이분이 나쁜 사람이라는 말은 결코 아닙니다. 제가 사람을 상담하는 전문가는 아니지만, 오래도록 반려견을 키우는 분들과 이야기를 나누면서 쌓인 경험이 있기에 그분의 말씀이 어떤 의미인지, 그분의 성격이 어떠신지 대충 짐작할 수 있었습니다. 그분은 단지 불쌍한 개들을 돕고 싶다는 선한 의도로 한 마리씩 집으로 데리고 왔을 뿐입니다. 하지만 그렇게 늘어만 가는 개들을 돌보느라 정작 자신의 자녀들과 기존에 있던 반려견들이 방치되고 있는 현실이 무척 안타까웠습니다.
여러 마리의 반려견을 한집에서 키우려 한다면 많은 것

그럼에도 개를 키우려는 당신에게

들을 준비해야겠지만, 제가 생각할 때 그중에서도 가장 중요한 것은 마음가짐이 아닐까 합니다. 제 아들이 2살쯤 됐을 때 한 아동심리 전문가와 이야기를 나눌 기회가 있었습니다. 이야기 도중 제가 친구 같은 아빠가 되고 싶다고 말하자 그분은 제게 이런 말씀을 해 주셨습니다.

"친구는 앞으로 많이 사귈 거예요. 좋은 친구도 있을 테고, 나쁜 친구도 있을 테고, 좋다가 싫어지는 친구, 싫었는데도 결국 가까워진 친구 등등 앞으로 아이는 많은 경험을 하면서 살아갈 겁니다. 근데 아빠라는 존재는 다른 것으로 대체할 수가 없어요. 만일 형욱 씨가 아빠가 아니라 친구가 되고 싶다면 아들은 어디서 아빠를 경험할 수 있을까요?"

저는 지금도 좋은 아빠로 산다는 게 어떤 것인지 잘 모릅니다. 어쩌면 저는 '아빠'라는 역할이 어려워 보여서 내심 그보다는 조금 쉬워 보이는 '친구'라는 역할을 선택하려 한 것일지도 모릅니다. 그 이후 이런저런 생각들이 들었습니다. 제가 반려견 행동에 대해 상담할 때 보호자들에게 했던 말들도 생각났습니다. "보호자는 반려견이 좋아하는 것만 해 줄 수는 없다, 반려견이 원하는 걸 모두 허락해 줄 수도 없다, 그래서 가끔은 외롭기도 한 것이 보호자라는 존재다." 그동안 저는 보호자들에게 끊임없이 이런 말들을 해 왔습니다.

　반려견을 키우려는 사람들은 좋은 상상만 합니다. 막연히 반려견을 키우는 내내 즐겁고 행복한 일들만 있을 거라고, 사랑만 해 주면 아무 문제 없이 잘 클 거라고 생각하는 겁니다. 이런 식으로 대다수의 사람들은 개를 키우면 자신 또한 행복해질 거라 믿습니다. 하지만 우리가 스스로를 보호자라고 생각한다면, 나 자신보다는 내게 온 반려견을 행복하게 잘 살게 해 주는 것이 진정한 보호자의 역할이 아닐까 싶습니다.

　반려견이 잘 성장할 수 있게 도와주려면 때로는 요구를 해도 무시해야 할 때가 있습니다. 그렇게 좌절을 경험하고 다시 회복하는 과정을 통해 단단하게 성장할 수 있도록 도와줘야 하는 겁니다. 그러려면 보호자 또한 안 된다고 말할 수 있는 강인함이 필요합니다. 반려견을 행복하게 해 주고 싶지만, 그 행복이 무분별한 흥분과 쾌락으로 변질되지 않도록 때로는 참고 견딜 수 있게 교육시켜야 하는 것입니다. 반려견이 안아 달라고 할 때 밀어낼 줄도 알아야 하고, 무릎에 올라오겠다고 할 때 거절할 줄도 알아야 합니다.

　반려견이 무릎에 올라오는 게 무슨 문제냐고요? 반려견이 너무 예뻐서 안아 주고 만져 주고 하는 게 무슨 문제냐고요? 원하는 것을 요구했을 때 매번 곧바로 얻어 낸다면, 그 반려견은 자신의 요구를 들어주지 않는 사람을 만났을 때 어려움을 겪게 됩니다. 또 자기 마음대로 움직이지 않는 다른 반려견을 만났을 때 갈등을 겪을 수도 있습니다. 더 나아가 자신이 원하는 곳에서 잘 수 없을 때, 자신이 원하는 것을 먹을 수 없을 때, 자신이 하고 싶은 것을 할 수 없을 때 무척 힘들어할 수도 있습니다.

반려견이 건강하고 행복하게 살기를 바라나요? 그렇다면 보호자로서 모든 것을 들어주는 손쉬운 역할만 할 수 없다는 것부터 받아들여야 합니다. 이것을 깨달아야만 보호자의 역할을 제대로 해낼 수 있을 겁니다. 물론 이런 보호자가 되는 건 결코 쉽지 않습니다. 때론 해 줄 수 있는 것도 참고 해주지 않아야 하고, 하고 싶지 않은 것도 참고 가르쳐야 하기 때문입니다.

✦ ✦ ✦

살이 심하게 찐 반려견이 있었습니다. 웰시코기라면 14kg 정도가 평균 몸무게인데 그 친구는 무려 30kg이었습니다. 살을 빼야 한다는 것은 보호자를 포함해 모두가 아는 사실이었지만, 아무리 노력해도 살이 빠지지 않았습니다. 먹지 않아도 살이 찐다는 보호자의 말은 거짓이었습니다. 누군가가 계속 음식을 주고 있었던 겁니다. 그분은 자신의 개를 무척 사랑했지만, 결코 좋은 보호자는 아니었습니다. 사랑하는 마음이 오히려 그 반려견을 위험한 상황으로 몰아넣고 있었습니다. "아니! 달라는데 어떻게 안 줘요!" 이 말을 듣고 저는 속으로 이렇게 생각했습니다. '맞아. 굶기는 것도 아니고 때리는 것도 아니고 그저 살이 찌게 하는 것뿐인데…. 어쩌면 이런 보호자를 만난 것도 다 저 녀석 팔자일 거야.'

건강한 개들은 몸이 불편한 개를 보면 이상하게 여기면서 종종 내쫓으려 듭니다. 이런 이유 때문인지 그 친구는 다른 반려견이 자신에게 다가오면 곧장 달려들곤 했습니다. 근데 이와 달리 사람에게는 아주 친절했습니다. 개들도 아프거나 몸이 불편하면 성격이 예민해질 수 있습니다. 그 개는 살이 너무 쪄서 허리가 꺾여 있었고, 몸이 무거워서인지 걸을 때마다 다리를 바닥에 질질 끌었습니다. 걸음걸이 탓에 발등도 다 까져 있었습니다. 제 생각에 살만 빼면 많은 문제가 해결될 것 같았습니다. 건강을 되찾으면 단단해진 근육 덕분에 걸음걸이도 고쳐질 테고, 예민한 성격도 훨씬 너그러워질 것처럼 보였습니다.

사실 이 친구가 다른 개들한테 달려드는 데에도 나름의 이유가 있었습니다. 자세히 살펴보니 주로 상대가 와서 아는 척하고 냄새를 맡으려고 할 때 위협하는 듯한 행동을 보였는

그럼에도 개를 키우려는 당신에게

데, 그건 자신에게 다가오지 말라는 일종의 경고였습니다. 그런데도 보호자는 그 친구를 데리고 웰시코기들의 모임에 나가는 것을 즐겼습니다. 모임에 가면 다른 반려견들에게 달려든다는 걸 알면서도 말입니다. 반려견이 그런 행동을 한다면 모임에 데리고 나가지 않는 게 보호자가 해야 할 역할입니다. 그런데도 그분은 그 행동을 멈추지 않았습니다.

"보호자님, 그럼 그 모임에 가실 때 이 친구를 안 데리고 가는 건 어떠세요? 지금은 다른 친구들을 만나는 게 좋지 않을 것 같아요. 거기 가서도 친구들이랑 어울리지 않고 엎드려만 있을 것 같은데요."

"맞아요. 혼자 얌전히 있어요. 그런데 다른 친구가 가까이 와서 인사를 하려고 하면 달려들어요. 딱 이것만 고치면 될 것 같아요. 살이 찐 건 건강 문제고, 그거랑 별개로 다른 개들한테 달려들지 않게 교육을 먼저 해야 하지 않을까요?"

"제 생각에는 살을 빼고 건강해지면 다른 반려견에게 달려드는 행동도 얼마든지 조절이 가능할 것 같아요. 그러니 살 빼는 동안은 그 모임에 나가지 마시고 다시 건강해지는 것에만 집중하는 게 어떨까요? 지금 너무 뚱뚱해서 잘 움직이지도 못하잖아요."

보호자는 다른 개를 보면 달려드는 행동을 고치고 싶었는데 거기다 대고 제가 살부터 빼야 한다고 하니 마음에 들지 않았나 봅니다. 저는 훈련사로 일하면서 이런 경험을 많이 했습니다. 심지어 자신이 원하는 걸 해결해 주지 않는다는 이유로 저를 미워하는 분들도 많이 봤습니다. 그럼에도 저는 보다 근본적인 원인을 해결해 반려견들이 보호자와 함께 행복하게 살 수 있도록 도와주고 싶습니다.

어쩌면 우리는 그저 한 마리의 반려견을 키우는 걸 넘어, 그들이 우리 사회의 일원으로 받아들여질 수 있게끔 가르치는 책임을 부여받았는지도 모릅니다. 이에 발맞춰 반려견들 또한 그때그때 욕구만 풀면서 사는 동물에 머물지 않고, 사람과 같이 살기 위해 얼마든지 우리 사회의 규칙을 배울 준비가 되었다고 저는 확신합니다.

자, 여러분의 반려견이 '시민견'이 될 수 있도록 도와줄 준비가 되었나요?

영화 같은 산책은
가능할까요?

⬟

물론입니다! 반려견과 함께라면 영화보다 더 멋진 산책을 할
수도 있습니다. 실제로 우리가 생각하는 것보다 훨씬 더, 반
려견은 가족과 함께 산책하는 것을 좋아합니다. 반려견과 평
화롭고 즐겁게 산책할 수 없다면 그 이유는 단 하나, 반려견
이 나와 같이 산책하는 걸 거부할 때뿐입니다. 그러니 반려견
이 산책하는 걸 거부하지만 않는다면 우린 얼마든지 영화 같
은 산책을 할 수 있습니다. 그런데 이게 말은 쉬운데 실제로
는 그렇지 않은가 봅니다.

많은 반려견 훈련사들이 산책하는 방법을 알려 주려 애
씁니다. 그런데 생각해 보면 산책은 그리 대단한 게 아닙니

다. 그냥 나가서 걸으면 되니까요. 단, '예의를 갖추고 산책을 할 수 있는가' 이게 키포인트입니다. 사람과 반려견 모두 예의를 갖추면서 하는 산책이 불편하지 않고 만족스러워야 좋은 산책이라 할 수 있습니다. 산책하는 사람 중에 간혹 공공장소에 어울리지 않는 행동으로 주변 사람들을 불편하게 하는 경우가 있습니다. 노래를 크게 틀고 산책을 하거나, 큰 소리로 통화를 하면서 걷거나, 주변 사람들에게 피해가 갈 만큼 큰 동작을 해서 지나가는 사람들에게 피해를 주는 경우가 종종 눈에 띕니다. 좋은 산책을 하려면 타인과 같이 사용하는 물건이나 장소에 대해 기본적인 예의범절을 지킬 줄 알아야 합니다.

저는 매일 가족들과 공원으로 산책을 갑니다. 이 시간이 너무 행복하기에 앞으로도 제 아들에게 매일 이런 경험을 선물해 주고 싶습니다. 공원에 가면 어린 아들에게 가르쳐 줄 수 있는 사회 규칙들도 정말 많습니다. 산책로를 걸을 때는 우측으로 걷는 것이 좋다는 것과 공중화장실을 사용하는 법, 쓰레기를 분리수거하는 법, 실수로 다른 사람과 부딪쳤을 때 사과하는 법, 고마운 사람에게 인사하는 법 등등 산책은 아이에게 공동체의 약속을 알려 줄 수 있는 좋은 기회가 되기도 합니다.

산책을 자주 해 본 사람이라면 알 겁니다. 산책을 나온 사람들은 바쁜 일과 때문에 정신없이 뛰어다니는 사람들과는 조금 다르다는 것을 말입니다. 바쁜 사람들에게는 긴장감이 느껴지지만 공원에서 만나는 사람들에겐 여유가 느껴집니다. 한번은 아들이 공원에서 목이 마르다고 하니 옆에 계시던 중년의 여성분이 자신이 가지고 있던 물을 건네주신 적도 있습니다. 공원에 모인 사람들은 마음에 여유가 있어서 그런지 표정도, 태도도 한결 부드럽습니다.

그런데 이런 여유로움을 방해하는 사람들이 있습니다. 사람들의 부드러운 표정과 태도를 보고 자신의 욕구를 일방적으로 표현해도 되는 줄 착각하는 사람들이 있는 겁니다. 얼마 전 공원에서 예쁘게 생긴 비숑프리제Bichon Frise를 데리고 산책하는 가족을 보았습니다. 근데 그 비숑은 조깅하는 사람들을 향해 마구 짖고, 어린아이들에게까지 달려들면서 공원의 평화를 깨뜨리고 있었습니다. 멀리서 차분하게 걸어오는 시바이누를 향해서도 맹렬히 짖어 댔는데, 그걸 보고도 보호자는 통제를 하는 것인지 그냥 지켜만 보는 것인지 알 수 없는 태도로 일관했습니다. 시끄러운 소리에 사람들의 이목이 집중된 후에야 보호자는 반려견을 데리고 자리를 떠났습니다.

산책을 마치고 주차장에 들어섰을 때 다시 그 비숑 가족을 만났습니다. 막 차에 올라타고 있었는데, 차가 주차된 자리를 보니 공원 입구와 가장 가까운, 장애인과 임산부 주차구역 사이였습니다. 저도 모르게 혼잣말이 나왔습니다. "역시, 저런 사람일 줄 알았어."

평소 자신의 개가 다른 반려견을 보고 짖는다면 조심해야 합니다. 조심하는 방법에는 입마개를 채우는 방법도 있고, 목줄로 통제하는 방법도 있습니다. 또한 공격성이 심각하다면 사람들이 많은 공원에는 데리고 가지 않는 게 기본입니다. 그런데 이렇게 생각하지 않는 사람들이 있습니다. "그럼, 나는 어디서 산책하라고!" "나도 여기서 산책할 권리가 있어!" "짖지 말라고 해도 말을 안 듣는 걸 어떡하라고!"

사람들의 눈치를 보라는 말로 오해하실 분도 계실 것 같아 다시 말씀드리면, 예의를 지키라는 건 사람들이 있는 곳에서만 예의가 있는 척 연기하라는 말이 아닙니다. 올바른 부모라면 사람들의 눈치를 보면서 자녀를 교육하지 않습니다. 사람들이 있을 때는 규칙을 지키고, 사람들이 없을 때는 규칙을 지키지 않아도 된다고 말하지 않습니다. 부모는 자녀가 건강하게 자라고 적절한 시기에 독립할 수 있도록 키웁니다. 아이가 스스로 건강을 돌보고, 좋은 책을 읽고, 꾸준히 운동하고,

친구들과 잘 지내고, 실패와 좌절감을 이겨 낼 수 있도록 도와주는 겁니다. 이렇게 부모는 일상의 모든 순간을 통해 아이를 가르칩니다.

많은 보호자들이 반려견이 자식과 같다고 이야기합니다. 정말 그렇다면 반려견을 키우면서 가슴 아픈 경험도 해야 합니다. 보호자란 그저 사랑만 퍼 주고 만지고 싶을 때 만지는 그런 존재가 아닙니다. 아무 때나 무릎에 올려 주고, 반려견이 가려는 곳으로 질질 끌려다니는 존재도 아닙니다. 정말 자식을 키우는 것처럼, 사람들의 시선과 상관없이 항상 예의를 지키도록 가르쳐야 합니다. 그렇게만 한다면 산책은 정말 쉬운 일이 될 겁니다. 정말로 자신의 개를 사랑한다면 방종과 다름없는 자유가 아니라, 규칙을 지키는 일상을 선물해야 합니다. 그 규칙이 습관처럼 몸에 배게 도와주어야 합니다. 제가 생각하는 사랑은 이런 겁니다.

그럼 예의만 갖추면 될까요? 영화 같은 산책이 되려면 여기에 몇 가지만 더 추가하면 됩니다. 그중 한 가지가 바로 '무관심'입니다. 예전에 어떤 지자체의 관광재단에서 일하는 주무관님이 제게 이런 질문을 하신 적이 있습니다.

"훈련사님, 요즘 반려견들을 데리고 저희 지역을 찾아 주시는 관광객이 늘었습니다. 지역 주민분들도 반갑고 고마워서 뭔가를 해 드리고 싶은데, 상인들이 반려견을 동반한 관광객들에게 어떤 태도를 보이는 것이 좋을까요? 간식을 준비해서 반려견들에게 하나씩 줄까요?"

"아, 좋은 아이디어네요. 분명 그런 걸 좋아하시는 분들도 계실 것 같아요. 그런데 주무관님, 반려견에게는 그냥 아무 말도 하지 않는 게 더 좋을 거예요. 예쁘다고 하면서 만지거나 간식을 주는 것보다는, 그냥 가볍게 '멋진 강아지네요!' 이 정도의 칭찬만 건네는 게 가장 좋을 것 같습니다."

그분은 관광객들에게 얼마든지 반려견과 함께 여행을 와도 된다는 느낌을 주고 싶어 하셨습니다. 그래서 지역 상인들이 반려견을 동반한 관광객을 만나면 어떻게 대하는 게 좋은지 그 방법을 정리해 놓은 홍보물을 만들고자 했습니다. 거기다 대고 제가 그저 칭찬만 한마디 하라고 하니 꽤나 실망한 눈치였습니다. 물론 다른 것들을 더 준비할 수도 있습니다. 해외여행을 하다 보면 테라스에 개 물그릇이 놓여 있는 레스토랑을 많이 볼 수 있습니다. 그뿐만이 아니라 가게 앞에 잠시 개를 기다리게 할 수 있는 'Dog Parking' 공간도 많이 있습니다. 그래서 이 정도만 준비하면 될 것 같다고 말씀드렸는데 주무관님은 여전히 많이 아쉬워하셨습니다. 아마 반려견

왜 사람들은 개를 대충 키울까요?

들에게 '손 하트'라도 해 주고 싶으셨나 봅니다.

주무관님과 대화하며 저는 생뚱맞게도 외국인들이 많이 거주하고 있는 이태원을 떠올렸습니다. 이태원과 남산 사이를 돌아다니다 보면 반려견과 산책하고 있는 외국인을 자주 볼 수 있습니다. 이들 중에는 한국에서 반려견을 입양한 경우도 있지만, 키우던 반려견을 데려온 경우도 많습니다. 그래서 인지 이태원 근처를 다니다 보면 한국에서 쉽게 보기 힘든 견종들도 종종 눈에 띕니다. 근데 자세히 보면, 이 친구들은 대부분 산책을 안정적으로 잘합니다. 흥분해서 달려들거나 짖는 친구들도 간혹 있긴 하지만, 대부분은 편안하게 산책을 즐기는 모습이었습니다.

이유가 뭘까요? 이태원에 사는 외국인들이 유독 반려견 훈련을 잘했기 때문일까요? 물론 그럴 수도 있습니다. 하지만 여기엔 우리나라와는 다른 중요한 문화적 특징이 하나 있습니다. 그건 외국의 경우 반려견과 산책하는 걸 특별한 일로 생각하지 않는다는 겁니다. 서구 사람들은 길에서 반려견을 만나도 놀라지 않습니다. 소리를 지르는 경우는 더더욱 드뭅니다. 이렇게 큰 개를 키워도 되는 거냐고 따지듯 물어보는 사람도 적고, 엘리베이터에 개가 타도 화들짝 놀라는 경우는 거의 없습니다. 우리나라와는 다른 이런 분위기가 반려견의 마음을 편하게 만들어 주는 겁니다. 반대의 상황도 마찬가지입니다. 반려견 문화가 발달한 나라에서는 반려견을 보고 예쁘다고 난리 치는 사람들도 적습니다. 몰래 만지는 사람도 거의 없고, 예쁘다고 소리치면서 만져 봐도 되냐는 묻는 사람도 거의 없습니다.

잘 모르는 사람들은 반려견을 좋아해서 하는 행동인데 뭐가 나쁘냐고 묻기도 합니다. 하지만 이런 행동도 때에 따라선 나쁠 수 있습니다. 내게 긍정적인 것이 상대방에게도 긍정적일 거라 생각해선 안 됩니다. 이런 착각이 스토커를 만들어 내고, 성추행을 가능하게 합니다. 반려견들의 행동이 온화하고 침착한 나라의 특징을 살펴보면, 반려견을 낯선 존재로 여기지 않고 함께 사는 이웃으로 느끼는 사람들이 많은 곳이라는 걸 알 수 있습니다. 이웃으로 받아들인다는 건 폭발적인 관심을 보이는 것이 아니라, 어쩌다 만났을 때 가볍게 미소 지어 주는 걸 의미합니다. 여기서 중요한 건 반려견을 키우는 사람들도 자신의 반려견이 공동체의 일원으로 함께 어울리며 살 수 있도록 노력해야 이웃들도 그렇게 대해 줄 수 있다는 겁니다.

길을 걸어가는데 어떤 사람이 나를 보고 인상을 찡그리며 피한다면 어떤 기분이 들까요? 내가 엘리베이터를 타려고

왜 사람들은 개를 대충 키울까요?

할 때 안에 있던 사람들이 아무 이유 없이 못 타게 하면 어떤 기분이 들까요? 혹은 내가 엘리베이터를 타자마자 곧바로 사람들이 욕을 하면서 내리면 어떤 기분이 들까요? 분명 당황스럽고 무척 불쾌할 겁니다. 그런데 개들도 비슷하게 느낄 수 있습니다. 우리처럼 구체적인 감정은 아닐지라도 사람들이 자기를 싫어한다는 것 정도는 느낄 수 있습니다. 밖에 나갈 때마다 매번 누군가가 나를 싫어한다는 느낌을 받으면 기분이 어떨까요? 산책할 때마다 우호적이지 않는 사람과 마주치게 된다면 불안한 마음이 드는 건 너무 당연하지 않을까요? 근데 그때마다 자신을 지켜 줄 거라 믿었던 보호자가 자기와 똑같이 불안해하는 모습을 보인다면 기분이 어떨까요?

예전에 '럭키'라는 1살 된 도베르만Dobermann을 키우는 보호자와 이런 대화를 나눈 적이 있습니다.

"보호자님, 럭키는 정말 멋진 것 같아요. 타고난 천성도 너무 사랑스럽고요. 제가 보호자님한테 조금만 다가가도 우리 둘 사이에 끼어들지요? 그런데 아주 천천히 끼어드네요. 이 정도면 전혀 문제없을 것 같아요. 그럼에도 이런 행동을 하고 있다는 건 보호자님이 꼭 알고 계셔야 하고, 앞으로도 잘 지켜보셔야 해요. 끼어들 때 보면 머리를 조금 흔들면서 몸과 꼬리까지 살짝 요동치네요. 지금은 전혀 위험해 보이지 않지만, 그럼에도 제가 보호자님 옆으로 다가가는 건 신경 쓰이는 것 같아요. 아마도 제가 낯선 사람은 아니니까 이렇게 부드럽게 표현하는 거로 보입니다. 근데 앞으로 럭키가 세 살, 네 살이 되고, 낯선 사람이 무작정 보호자님께 다가오거나 실제로 위협적인 행동을 하면 그때는 좀 더 공격적으로 행동할 수도 있어요. 물론 이건 예측일 뿐, 꼭 그렇게 될 거라는 말은 아닙니다. 만일 두 살 때도, 세 살 때도 이 정도 수준이라면 보호자를 지키려는 방어 본능이 문제가 될 정도는 아니라고 판단할 수 있어요.

그런데 한 6개월 뒤에 낯선 사람이 가까이 다가올 때 낮게 으르렁거리면서 끼어든다면 조금 더 주의를 기울이셔야 해요. 실제로 공격적인 행동을 하진 않았지만, 럭키의 본능이 점점 강해지고 있다는 의미니까요. 제가 이런 말씀을 드리는 이유가 있어요. 우리나라 사람들은 길에서 산책을 할 때 서로 가볍게 인사를 나누거나 하지 않아요. 또 아직은 도베르만이라는 견종에 익숙하지 않기 때문에 어떤 사람들은 놀라면서 딴지를 걸 수도 있어요. 이런 경험들이 럭키에게 상처로 각인되면 자기가 보호자를 지켜야 한다는 생각이 강하게 자리 잡을지도 몰라요. 지금은 전혀 문제가 없지만 자칫 위험한 상황이 생길 수 있다는 건 꼭 알고 계셔야 해요."

"헉! 그럼 어떻게 해야 하죠?"

"너무 걱정하지 마세요. 괜찮아요. 지금부터 산책하면서 낯선 사람들과 가벼운 이야기를 자주 하세요. 인사만 하셔도 좋아요. 외국에선 길을 가다 모르는 사람들이랑 눈만 마주쳐도 인사하잖아요. 엘리베이터에서도 가볍게 말을 걸고요. 그 정도면 돼요. 어색하시겠지만 주변 사람들과 가깝게 지내려고 노력하다 보면 럭키는 지금보다 훨씬 더 좋아질 거예요."

보호 본능을 강하게 갖고 태어난 반려견들이 있습니다. 도베르만이나 로트와일러 같은 견종이 가족을 지키려는 본능이 유독 강한 편입니다. 이런 반려견들은 가족들이 주변 환경과 낯선 사람들 그리고 다른 동물들과 어떤 관계를 맺는지 유심히 관찰합니다. 따라서 이런 반려견을 둔 보호자는 항상 자신의 반려견에게 '사람들은 친절해! 우리는 이곳에서 잘 지내고 있어!'라는 메시지를 꾸준히 전달하는 게 좋습니다. 이런 느낌은 한 번 준다고 평생 가는 게 아니기에 항상 반려견의 상태를 보면서 확인하고 주의를 기울여야 합니다.

위에 소개한 럭키는 아주 훌륭한 성품을 가졌을 뿐만 아니라, 친절하고 참을성도 많아 보였습니다. 개들도 사람처럼 개체마다 성향이 다르기에, 욕구를 잘 참는 녀석들도 있지만 충동적으로 행동하는 녀석들도 많습니다. 그래서 저는 럭키

그럼에도 개를 키우려는 당신에게

의 보호자에게 농담처럼 럭키를 만난 건 정말 럭키한 일이라고 말했습니다. 럭키의 성품이 좋다는 건 절대 '모자라다'는 뜻이 아닙니다. 럭키는 미련스러울 정도로 참고, 불합리한 상황도 다 받아들이는 그런 개가 아니었습니다. 오히려 머리가 좋아서 주변에 어떤 일들이 벌어지고 있는지 단박에 알아채는 개였습니다.

운동장에서 많은 개들과 뛰어놀 때면 럭키는 늘 상황에 맞게 행동했습니다. 어떨 때는 같이 어울리기도 하고, 어떨 때는 냄새만 맡고 다니는 걸 보면서 저는 상당히 놀랐습니다. 한번은 유독 강한 개 두 마리가 운동장에서 미묘한 신경전을 벌이고 있었습니다. 그 광경을 본 저는 혹시나 녀석들이 다툼을 벌일까 봐 신경을 곤두세우고 있었는데, 어디선가 나타난 럭키가 두 녀석 사이를 천천히 걸어 다니면서 냄새를 맡기 시작했습니다. 이건 반려견들이 싸움이 일어나지 않도록 중재할 때 하는 행동입니다. 여러 반려견을 관찰하고 관리해야 하는 저로서는 럭키가 보조 훈련사 역할을 대신해 준 것과 다름없었습니다. 그날 럭키 덕분에 무사히 수업을 마친 저는 훈련사로서가 아니라, 같이 힘을 합쳐 일을 무사히 마친 동료로서 럭키에게 고맙다는 인사를 했습니다.

한번은 럭키 보호자님이 이런 질문을 한 적이 있습니다.

"반려견 운동장에 가면 가끔 럭키가 놀지는 않고 냄새만 맡으면서 돌아다니는데, 대체 왜 그런지 모르겠어요." 이때 저는 속으로 이렇게 외쳤습니다. '정말 다정한 녀석이네!'

럭키 같이 멋진 친구들은 세상이 어떻게 돌아가는지 잘 압니다. 저 사람이 내 보호자와 얼마나 가까운지까지 훤히 꿰 뚫고 있는 겁니다. 사람들도 자신이 아끼는 이의 주변에 누가 있는지 꼼꼼히 따집니다. 그리고 내가 소중히 여기는 사람을 주변 사람들이 어떻게 대하는지 주의를 기울입니다. 이런 면 에서 반려견은 사람과 정말 비슷합니다.

암으로 투병할 당시 어머니는 가평에 있는 저희 집에 머 물고 계셨습니다. 진료를 받으려면 서울에 있는 큰 병원에 가 셔야 했는데, 제가 바빠 직접 모시고 갈 수 없을 때도 있었습 니다. 지금 생각해도 무척 죄송스러운 기억입니다. 그럴 때 마다 저는 꼭 택시를 타시라 말씀드렸는데, 어머니는 그 돈조 차 아깝다면서 늘 버스를 타고 다니셨습니다. 버스 정류장까 지 3km나 되는 거리를 매번 걸어서 다니시는 걸 본 저는 걱정 을 안 할 수가 없었습니다. 더 큰 문제는 진료를 마치고 돌아 올 때였습니다. 높은 언덕 끝에 있는 저희 집까지 걸어오려면 멀쩡한 성인들도 숨을 헐떡일 정도로 힘들어했기에 어머니 걱정을 안 할 수가 없었습니다. 그러던 어느날, 저는 집 앞에 택시 한 대가 서는 걸 보았습니다. 어머니가 어두운 표정으로

그럼에도 개를 키우려는 당신에게

택시에서 내리자마자 기사가 욕설을 내뱉었습니다. 곧장 택시로 달려간 저는 몸을 반쯤 택시에 넣은 채 지금 우리 어머니한테 뭐라고 말했냐고 따졌습니다. 택시 기사님은 말을 더듬으면서 이렇게 말했습니다. "이런 시골에서 이렇게 가까운 거리를 택시를 타면 어떡해요. 그럼 내 순번이 뒤로 밀린단 말이에요." "그럼, 처음부터 거절하지 그러셨어요! 여기 돈 더 드릴 테니, 앞으론 절대 저희 어머님에게 그런 식으로 말하지 마세요!"

제가 택시 기사에게 실수라도 할까 봐 어머니가 전전긍긍하는 사이, 택시 기사는 2만 원을 더 받고는 곧바로 자리를 떠났습니다. 몇 시간 뒤, 저는 음료수를 사 들고 택시 기사님들이 모여 있는 휴게소로 찾아갔습니다. 이유는 두 가지였습니다. 민망하게도 저는 그때 반려견 훈련사로 꽤 알려져 있었기에 이번 일이 와전될까 봐 걱정이 되었습니다. 다른 하나는 택시비를 더 드릴 테니 앞으론 저희 어머니를 친절히 태워 달라는 부탁을 하기 위해서였습니다. 사랑하는 어머니가 짧은 거리를 이용했다는 이유만으로 욕을 들은 것도 몹시 화가 났지만, 제가 직접 챙겨 드리지 못했다는 사실이 더 화가 나고 죄송스러웠습니다. 예상대로 휴게소에 계신 택시 기사님들은 이미 그 일을 다 알고 계셨습니다. 그런데 그중 한 분이

왜 사람들은 개를 대충 키울까요?

제게 휴대폰 번호를 알려 주시면서 이렇게 말씀하셨습니다. "돈 더 안 받아도 되니까, 택시가 필요하면 여기로 전화하시라고 어머님께 전해 주세요."

제가 어머님을 지키고 싶었던 것처럼, 럭키도 이와 비슷한 마음을 갖고 있을 거라는 생각이 들었습니다. 럭키의 보호자도 무척 좋은 분이셨는데, 그럼에도 벌써부터 동네 이웃들에게 큰 개를 키운다고 타박을 받고 계셨습니다. 럭키를 데리고 저희 훈련 센터를 찾아오셨던 것도 이런 이유 때문이었습니다. 이 말을 전해 들은 저는 럭키가 사는 동네가 반려견에게 호의적이지 않을 뿐만 아니라, 덩치가 작은 여자 보호자를 조금 더 업신여긴다는 느낌을 받았습니다. 그리고 이런 환경이 럭키의 성장에 어떤 영향을 미칠지 염려스러웠습니다.

"보호자님, 럭키가 위험한 개가 아니라는 건 저도 보호자님도 잘 알잖아요. 그럼에도 저는 보호자님이 럭키에게 입마개 연습을 꼭 시키셨으면 좋겠어요."

저는 많은 뜻을 담아 이 한마디를 보호자님께 해 드렸습니다.

2019년 5월,
녀석들이 놀고, 쉬고, 배변을 하는 마당♥

Part_3

반드시 지켜야 할 규칙 하나

반려견의 배변 실수는 버릇없고 나쁜 습관이라기보다,

뭔가 잘못된 상황에 노출되어 벌어진 사고와 같습니다.

규칙적이지 않고 균형이 깨진 삶을 사는 반려견일수록

아무 데나 배변을 할 확률이 높습니다.

저는 한국에 있는 모든 반려견들이

야외 배변을 하게 되길 바랍니다.

하루에 최소 4번은 집 밖으로 나가

소변만이라도 보고 들어오길 바랍니다.

물론 이 소망이 하루아침에 이루어지지는 않을 겁니다.

하지만 장담할 수 있는 건,

이렇게 야외 배변을 하다 보면

반려견들이 가지고 있는 문제들 대부분이

없어질 거라는 점입니다.

집 안에서 배변을 하지 않는
강아지의 마음

⬠

저는 골치 아픈 일이 있을 때 주로 정리를 합니다. 필요가 없는데도 지니고 있는 물건들을 꺼내서 정말 필요한지 생각해 본 다음 버리거나, 다른 용도로 쓸 수 있을지 고민해 봅니다. 책상 위의 잡동사니들을 정리하거나 청소기를 돌리기도 합니다. 운동을 좋아하지만 일이 바빠 한참 동안 못 하다가 다시 운동을 시작하면 처음 3일 동안은 달리기만 합니다. 3일 정도 유산소 운동을 하고 나면 몸도 가벼워질 뿐만 아니라, 근육들에게 이제 다시 운동을 시작할 테니 미리 준비해 두라고 귀띔을 해 줄 수도 있기 때문입니다. 또 다른 예를 들자면, 저 같은 경우 김치찌개처럼 따뜻하게 먹어야 하는 음식이 차갑게 식어 있으면 먹기가 힘듭니다. 이런 것들을 개인의 취향이라고 생각할 수도 있지만, 제겐 기본에 해당합니다.

기본에 대한 다른 예를 들어 볼까요. 주차할 때 대부분의 사람들은 주차선을 잘 지킵니다. 주차장이 텅 비어 있을 때에도 정해진 선 안에 주차를 합니다. 하지만 그렇지 않은 사람들도 있습니다. 주차선 같은 건 신경도 안 쓰고 그냥 되는 대로 주차를 해서 옆에 주차하려는 사람들을 곤란하게 만들기도 합니다. 만일 주차장에 차가 한 대도 없다면 이런 사람들은 진짜 가로로 주차를 할지도 모릅니다. 예전에 카페 주차장에서 주차를 하고 내리는 커플의 대화를 엿들은 적이 있습니다.

"자기야, 차 다시 대는 게 어때? 너무 튀어나왔는데?"
"괜찮아! 옆에 비어 있는데 뭐."

저는 이 대화를 듣고 잠시 이런 생각을 했습니다. '저 사람은 아마 반려견도 대충 키울 거야….'

✦　✦　✦

어미 개는 제 새끼를 보호하기 위해 혼신의 노력을 다합니다. 만약 새끼들이 너무 시끄럽거나, 보금자리가 외부에 노출됐거나, 낯선 사람이나 동물이 근처에서 어슬렁거리면 아무리 수고롭더라도 새끼들을 다른 장소로 옮깁니다. 드물지만, 위험한 상황이라고 판단을 내렸음에도 이동할 만한 장소를 찾지 못했을 경우, 어미 개는 안전하게 보살필 수 없다고 생각하고 새끼들을 죽이거나 심지어 먹기도 합니다(제 새끼를 먹는 것은 그렇게라도 영양분을 섭취해서 다음번 새끼들을 건강하게 출산하려는 목적 때문입니다).

어미 개는 사람들이 자식에게 하는 것과 똑같이 제 새끼에게 온갖 정성을 쏟습니다. 대소변조차도 새끼들이 있는 곳에서 멀리 떨어진 장소로 가서 해결합니다. 어미 개가 배변을 하러 자리를 뜨면 아직 눈도 뜨지 못한 새끼들은 난리를 칩니다. 낑낑대며 우는 것은 당연하고, 보이지 않는 상태에서 어떻게든 냄새로 어미 개를 찾으려고 고개를 연신 흔들어 댑니다. 어떤 새끼는 놀라서 다른 새끼의 품속으로 파고들기도 하고, 어떤 새끼들은 어미 개의 자취를 따라가려는 시도를 하기도 합니다. 그래 봤자 앞도 보이지 않고 제대로 걷지도 못하니, 어딘가에 머리를 기댄 채 어미 개가 돌아오기만을 기다릴 수밖에 없습니다. 이런 해프닝이 하루에도 몇 차례씩 반복됩니다.

배변을 하고 돌아온 어미는 새끼들부터 살펴봅니다. 이

리저리 냄새를 맡고, 배설을 할 수 있게 도와줍니다. 막 태어난 새끼들은 스스로 배설을 못하기 때문에 어미 개는 하루 종일 새끼들의 배를 쓰다듬고 항문과 생식기를 자극하여 배설을 하도록 유도합니다. 그리곤 새끼들이 배설하는 즉시 깨끗이 먹어 치웁니다. 어미 개에게는 이런 행동이야말로 기본 중의 기본입니다.

어미 개는 하루에도 몇 번씩 배변을 하러 보금자리를 떠납니다. 새끼들은 이 과정을 반복적으로 겪으며 어느 순간 어미 개가 언제쯤 배변을 하러 나가는지 알게 됩니다. 또, 배변을 하기 전 어미 개의 상태와 배변을 하고 온 다음의 상태가 어떻게 다른지 냄새로 구분할 줄 알게 되고, 이런 경험을 통해 소변과 대변을 본다는 것이 어떤 것인지 조금씩 배워 갑니다. 알고 보면 개는 청결을 무척 중요시하는 동물입니다. 보금자리와 자신의 몸을 깨끗이 관리하는 건 개들에게 단지 더럽고 깨끗하고의 차원이 아니라, 죽고 사는 게 걸려 있는 아주 중요한 문제입니다. 청결한 상태를 유지하지 않으면 죽을 수도 있기 때문입니다.

개는 무리를 지어 사는 동물의 가장 좋은 예라고 할 수 있습니다. 개의 조상 격인 늑대들을 보고 있자면, 어쩌면 이들이 가장 완벽한 무리 사회를 이루며 사는 게 아닐까 하는 생각이 듭니다. 무리 속 늑대들은 서로의 얼굴을 비비고, 서로의 몸을 포갠 채 자며, 서로의 항문과 생식기 냄새를 맡으면서 정보를 나눕니다. 또 서로의 몸을 정돈해 주고, 애교를 부리고, 장난을 치고, 싸우고, 화해도 하는데, 이 모든 행위를 몸으로 해냅니다. 그래서 한 마리가 바이러스에 감염되면 얼마 가지 않아 그 무리 전체가 바이러스에 노출되고, 결국엔 운이 좋은 몇 마리만 살아남게 됩니다. 이런 이유 때문에 무리를 이루고 살아가는 늑대들은 청결이 생존과 직결된다는 사실을 본능적으로 압니다. 결국 배설물로 서식지를 오염시키면 자신뿐만 아니라 무리 전체를 위험하게 할 수 있다는 걸 알기에 배변을 할 때 멀리 떨어진 곳으로 가는 겁니다. 어미개가 새끼들을 보금자리에 남겨 둔 채 배변을 하러 멀리 이동하는 것도 같은 이유 때문입니다. 이를 지켜본 새끼들은 살아가면서 반드시 지켜야 할 규칙 하나를 배우게 됩니다.

'배변은 보금자리에서 하면 안 되는 것이구나.'

사랑하고 아끼는 가족들이 머무는 곳에서 배변을 하면 안 된다는 것, 어미 개는 이렇게 새끼들에게 가장 기본적인 생존 규칙을 알려 줍니다. 어느 정도 자라 걸을 수 있게 되면 새끼들은 어미 개가 배변을 하는 장소까지 따라갑니다. 성장이 빠른 녀석들은 그곳에서 어미 개를 따라 배변을 하기도 합니다. 그러다 보면 어느 날 어미 없이 혼자 배변을 보고 오는 녀석도 나타납니다. 바로 이게 배변 훈련입니다. 배변은 집이 아닌 다른 장소에서 해야 한다는 걸 배우는 것으로 배변 훈련이 시작됩니다. 새끼들이 성장하는 속도에 맞춰 어미 개는 새끼들의 배설을 도와주는 행동과 새끼들의 배설물을 먹는 행위를 점차 줄여 나갑니다. 어미의 이 행동이 중요한 이유는 반려견들의 식분증 동물들이 자신이나 다른 동물의 배설물을 먹는 행동과 연관이 있기 때문입니다.

여기서 제가 강조하고 싶은 것은, 반려견들은 자신이 좋아하는 사람들과 같이 사는 공간에서 배변을 하고 싶어 하지 않는다는 겁니다. 반려견들은 이런 본능을 가지고 태어났기 때문에 배변 정도는 훈련을 통해 얼마든지 쉽게 배울 수 있습니다. 하지만 외국과 달리 대다수가 도시의 집합 건물에 살고 있는 우리나라에선 반려견들이 배변 훈련을 하는 게 쉽지 않습니다. 도시에 녹지가 충분하지 않은 것 또한 배변 훈련이 어려운 이유 중 하나입니다. 그래서인지 반려견을 키우는 분들은 자신의 반려견이 실내에서 배변하길 원하는 경우가 많습니다. 심지어 어떤 보호자는 배변 패드 한 장에 여러 번 소변을 보게 하기도 합니다.

"훈련사님! 패드가 너무 아까워요. '보리'는 왜 한 번 소변을 본 패드엔 다시 소변을 보지 않으려 할까요?" 패드가 너무 아깝다고 말하는 그분께 저는 이렇게 대답했습니다.

"개들도 성격 좋고 무던한 친구들은 한 번 사용한 패드 위에 다시 용변을 보기도 해요. 그러다 자신의 소변을 밟게 돼도 별로 신경을 안 쓰죠. 하지만 보리는 성격이 깔끔해서 그게 잘 안 되는 거예요. 보호자님은 다른 분이 용변을 보고 물도 안 내린 변기에서 용변을 볼 수 있으세요?"

어릴 적 아무것도 모를 때는 배변 패드에 용변을 잘 보다가 점차 나이가 들면서 배변 실수를 하는 반려견들도 있습니다. 이런 친구들은 대부분 산책을 통해 야외 배변을 경험한 경우가 많습니다.

- 배변 패드에 배변하는 걸 거부하는 경우
- 배변 패드를 아무리 넓게 깔아 줘도 패드 모서리에 소변을 보는 경우
- 소변은 배변 패드에 보는데, 대변은 엉뚱한 곳에다 하는 경우
- 못 들어가게 하던 방의 문이 열려 있을 때, 그곳에 들어가 배변을 하는 경우

반드시 지켜야 할 규칙 하나

이런 경우는 모두 야외에서 배변을 하고 싶다는 의사 표시입니다. 어떤 반려견들에게는 야외 배변이 기본 중의 기본입니다.

그럼에도 개를 키우려는 당신에게

배변 훈련을
하지 않는 나라

⬟

장마철이나, 겨울이 다가올 때면 자주 받는 질문이 있습니다. 반려견이 야외에서만 배변을 하는데 어떡해야 하느냐는 겁니다. 이런 행동을 야외 배변이라고 부르는데, 실제로 집 안에서는 배변을 전혀 하지 않고 야외에서만 하는 반려견들이 있습니다. 심지어 어떤 친구들은 집 밖에 데리고 나가도 꼭 자신이 좋아하는 곳에서만 배변을 하겠다고 고집을 피우기도 합니다. 장마철이나 겨울이 되면 보호자들은 집 안에서 배변을 하게끔 유도를 하기도 하는데 이게 좀처럼 쉽진 않은 것 같습니다. 반려견들이 점점 배변을 참는 시간이 길어지면 보호자들의 불안 또한 높아질 수밖에 없습니다. "저 녀석 오늘도 안 싸고 그냥 참네. 아니 어떻게 한 번을 안 하냐…."

그럼에도 개를 키우려는 당신에게

날씨가 좋을 땐 보호자는 산책하는 게 즐겁고, 반려견은 시원하게 배변을 할 수 있으니 모두가 행복합니다. 문제는 비 오는 날과 추운 겨울입니다. 한번은 너무 추운 겨울날 온몸을 꽁꽁 싸매고 나온 보호자와 반려견을 본 적이 있습니다. 날이 너무 추워서인지 반려견도 패딩처럼 생긴 두꺼운 옷을 입고 있었습니다. 보호자는 발을 동동거리며 빨리 들어가고 싶은 눈치였는데 이와 달리 반려견은 용변을 볼 생각도 하지 않고 느긋하게 주변을 돌아다니며 냄새만 맡고 있었습니다. 이 모습을 보고 저는 갑자기 동지애가 강하게 느껴져서 그분에게 엄지를 들어 보였습니다.

야외 배변을 하는 것으로 유명한 견종이 있습니다. 바로 진돗개입니다. 모든 진돗개가 그러진 않겠지만 아마도 99% 이상은 야외 배변을 할 겁니다. 시바이누도 다른 견종에 비해 야외 배변을 선호하는 경향이 강합니다. 이와 달리 리트리버들은 실내에서도 배변을 곧잘 합니다. 물론 이 두 견종만 야외 배변을 선호하는 건 아닙니다. 사실 산책을 하루 3회 이상 주기적으로 나갈 경우, 거의 모든 견종이 자연스럽게 야외에서 배변하는 것을 선택하게 됩니다. 이건 훈련에 의해 그렇게 되는 게 아니라 그냥 그렇게 태어난 겁니다.

제가 키우는 반려견 중에 '바로'라는 친구가 있습니다. 진똥개 믹스견인 이 녀석은 생후 4개월 이후 단 한 번도 실내에서 배변을 해 본 적이 없습니다. 장마가 시작되면 길게는 3일까지도 용변을 안 보는데, 그러다 보면 먹지도 마시지도 않아서 너무 걱정이 된 나머지 화까지 납니다. 장마라도 하루 종일 비가 오는 건 아니니 잠깐이라도 멈추면 후다닥 바로를 데리고 밖으로 나가야 합니다. 그런데 이 녀석은 젖은 바닥에다 배변하는 것도 거부합니다. 그래서 젖지 않은 곳을 찾아 이리저리 바쁘게 돌아다녀야 합니다. 그러다 운 좋게 자기 마음에 드는 젖지 않은 땅을 발견하면 간신히 거기다 배변을 합니다. 만약 바로가 실내에서 배변을 한다면 저는 곧장 병원에 데리고 갈 겁니다. 어디가 아프지 않고는 절대 실내에서 배변을 하지 않을 녀석이기 때문입니다.

한 강연에서 저는 청중에게 이런 질문을 한 적이 있습니다. "자신의 반려견이 야외에서만 배변을 하는 경우가 있나요?" 400명 정도가 모여 있었는데 그중 손을 드신 분은 20~30명쯤이었습니다. 채 10%도 안 되는 수였지요. 저는 다시 물었습니다. "그중에서 흙이나 풀밭에서만 배변을 하는 반려견도 있나요?" 그랬더니 이번엔 수가 더 줄어서 한 10명 정도만 손을 드셨습니다. "훌륭한 반려견을 두셨네요! 정말 좋으시겠어요!" 저는 그분들에게 정말 반려견을 잘 키우고 계신다고 칭찬을 해 드렸습니다. 그리고 청중들을 향해 앞으로 조금만 더 자주 데리고 나가 달라고 부탁을 드렸습니다.

저는 야외에서만 배변하는 걸 잘못된 행동이라 생각하지 않습니다. 오히려 그런 개들이 더 늘어나야 하고, 보호자들은 반려견을 더 자주 데리고 나가 야외 배변을 할 수 있게 도와 줘야 한다고 생각합니다. 이유는 그것이 반려견이 가장 원하는 배변 방식이기 때문입니다. 근데 그렇게 하려면 적어도 하루에 4번은 산책을 해야 합니다. 제가 이 말을 하면 대부분의 보호자들이 깜짝 놀랍니다. 우리가 살고 있는 환경이나 생활 방식을 고려할 때, 반려견과 하루에 4번 산책을 나가는 건 결코 쉽지 않기 때문입니다. 그런데 우리의 입장과 상관없이 오로지 반려견만 생각한다면, 이 방법이 제일 이상적인 건 맞습니다.

예전에 상담했던 한 보호자가 생각납니다. 진돗개를 키우고 계신 분이었는데 실내 배변을 한다는 말에 제가 깜짝 놀라 물었습니다.

"와! 정말요? 신기한 진돗개네요! 근데 하루에 소변은 몇 번 보나요? 산책은 몇 번 하세요?"
"산책은 잘 못하고요. 배변은 하루에 한 번 정도 하는 것 같아요."

저는 더 이상 물어볼 필요가 없다는 걸 알았습니다. 그 보호자가 기르는 진돗개는 발톱이 많이 자라 있었고, 발바닥은 마치 어린 강아지처럼 부드러웠습니다. 겉 털은 짧은 상태였고, 항문낭도 가득 찬 듯 보였습니다. 반려견들은 야외에서 대변을 볼 때 항문낭을 더 많이 배출합니다. 그래서 야외에서 배변을 하는 반려견이라면 특별히 항문낭을 짜 줄 필요가 없습니다. 하지만 이 친구는 야외에서 대변을 자주 보지 못하는 것 같았습니다. 보호자가 데리고 나가지 않으니 어쩔 수 없이 집 안에서 배변을 했을 테고, 그게 싫으니 하루 종일 참다가 고작 하루에 1번 정도 배변을 했을 겁니다. 근데 보호자는 제게 데리고 나가도 배변을 하지 않는다고 변명하듯 말했습니다. 그 말을 들은 저는 곧장 그 친구를 데리고 나가 운동장에 풀어 줬습니다. 그랬더니 5분도 되지 않아 소변과 대변을 보았습니다. 그리곤 신이 났는지 여기저기 돌아다니면서 마킹을 해 대기 시작했습니다.

앞서 말했듯이, 반려견들은 가능하다면 자신이 먹고 자고 머무는 곳에서 배변을 하고 싶어 하지 않습니다. 그리고 밖으로 나갈 기회가 충분하다면 실내에선 참다가 야외에 나갔을 때 배변하는 습관을 본능적으로 터득하게 됩니다. 실제로 선진적인 반려견 문화를 가진 나라에는 배변 훈련이라는 개념이 없습니다. 그냥 산책을 자주 나가거나, 집에서 참고 있다가 밖에 나갔을 때 배변하는 걸 배변 훈련이라 생각합니다. 우리 같이 실내에 패드를 깔아 주는 것은 입양 직후 몇 주 정도이고, 이후엔 아예 배변 패드를 사용하지 않는 경우가 대부분입니다.

그런 나라에서 이루어지는 배변 훈련은, 하루에 10번이건 20번이건 밖으로 많이 데리고 나가는 것, 밖에서 배변을 할 때마다 칭찬해 주는 것, 집에 있을 때는 배변을 참는 것, 이게 전부입니다. 아주 단순하죠. 그런 나라에서 반려견을 입양한다는 건 하루에 적어도 3~5번은 반려견을 데리고 밖으로 나갈 것을 자신과 약속한다는 의미입니다. 아예 산책을 법으로 정한 나라도 있습니다. 독일은 하루 2회, 오스트리아는 하루 4회 자신의 반려견을 데리고 집 밖으로 나가야 합니다. 이 법을 지키는 게 우리에겐 무척이나 대단한 일처럼 보일 수도 있습니다. 하지만 우리가 횡단보도에서 파란불에 건너고 빨간불에 멈추는 걸 주변에 자랑하지 않듯, 반려견과 함께하는 문화를 오랫동안 발전시켜 온 나라에서는 하루에 2~4번 반려견과 산책 나가는 걸 대단한 일이라 생각하지 않습니다. 반려인이 되기로 선택한 사람이라면 당연히 해야 하는 일일 뿐

반드시 지켜야 할 규칙 하나

입니다. 사실 이런 문화를 가진 나라의 사람들은 법으로 정해 놓은 것보다 훨씬 더 자주 반려견과 산책을 나갑니다. 만일 이런 생활이 어렵다면 교외의 마당이 넓은 집에 거주하거나, 그럴 여유가 없다면 아예 처음부터 반려견을 입양하지 않습니다. 하지만 요즘엔 서구에도 도시에 거주하는 인구가 늘어나면서 교외에서 반려견을 키우던 문화가 점점 사라지고 아파트에서 소형견을 키우는 경우가 많아지고 있습니다. 이런 가정에서는 간혹 실내에서 배변 훈련을 시키기도 합니다. 하지만 여전히 대부분의 사람들은 산책을 제대로 시켜 줄 수 없는 상황이라면 애초에 반려견을 입양하지 않습니다.

우리나라도 점점 변화해 가고 있는 것 같습니다. 동네 공원에 나가면 반려견과 산책하고 있는 사람들을 흔하게 볼 수 있습니다. 10여 년 전 유럽에 갔을 때 공원에서 반려견과 자유롭게 산책하는 사람들을 보며 부러워했던 기억이 나는데, 이제는 우리가 유럽보다 개를 더 많이 키우는 건 아닐까 싶을 만큼 어딜 가나 반려견과 마주치게 됩니다.

25살 때쯤 공원에서 반려견과 산책을 하고 있던 분들께 무료로 반려견 훈련을 가르쳐 드린 적이 있습니다. 매주 그렇게 하고 있었는데, 어느날 공원을 관리하는 분이 찾아와서는 민원이 들어왔다며 제게 나가 달라고 하더군요. 어떤 민원이

그럼에도 개를 키우려는 당신에게

냐고 물어보니 공원에 개가 너무 많다는 불만이 들어왔다고 했습니다. 많아 봤자 10마리 정도였는데, 당시는 이 정도만 모여도 사람들이 이상하게 바라보던 시절이었습니다.

하지만 이젠 반려견과 산책하는 풍경이 전혀 낯설지 않습니다. 반려견과 같이 걸어 다니는 것을 넘어 반려견을 싣고 다니는 유모차도 많이 보입니다. 메고 있는 가방에 아기가 아니라 반려견이 안겨 있는 경우도 흔하게 볼 수 있습니다. 그만큼 한국의 개들도 이젠 산책을 자주 하게 되었고, 흙이나 풀밭에서 배변하는 재미를 느낄 수 있게 되었습니다.

예전엔 치킨을 시킬 때 한 마리면 충분했습니다. 아들이 너무 어려서 한 조각도 다 못 먹었기 때문입니다. 그런데 이젠 한 마리를 시키면 부족합니다. 아들이 점점 커 가면서 치킨 맛을 알아 버렸기 때문입니다. 이처럼 우리나라의 반려견들도 제 아들처럼 산책의 맛을 알아 버리게 된 게 아닌가 싶습니다. 그동안 이렇게 재밌고 즐거운 걸 사람들만 하고 있었다는 사실을 알면 반려견들이 화를 낼지도 모릅니다. 여하튼, 이제 많은 분들이 반려견과 매일 산책을 합니다. 저는 이런 변화가 너무 기쁩니다. 앞으로 이 땅에서 살아가고 있는 반려견들도 훨씬 건강해질 겁니다.

◆ ◆ ◆

매일 산책을 하다 보면 시간, 장소 등에 일정한 루틴이 생기기도 합니다. 보통은 저녁 식사 전후로 산책을 하는 경우가 가장 많은 것 같습니다. 집 근처에 개천이 있으면 천변을 따라 걷고, 가까운 곳에 카페 거리가 있으면 거기까지 걸어가서 커피 한 잔을 마시기도 합니다. 집으로 돌아오는 길엔 내일 먹을 간단한 음식을 사 오기도 하고, 더운 날에는 편의점에 들러 아이스크림을 사 먹기도 합니다. 때론 혼자, 때론 연인이나 친구 혹은 가족끼리 공원을 한 바퀴 돌고 집에 돌아옵니다. 이 소소한 일에서 많은 사람들이 행복을 느낍니다.

이건 반려견도 마찬가지입니다. 반려견은 냄새를 통해 오늘 어떤 일이 있었는지 확인하고 싶어 합니다. 공원에 도착하면 제일 먼저 어제 자신이 마킹을 했던 나무를 찾아가 냄새를 맡습니다. 이렇게 행동하는 데에는 많은 이유가 있지만, 어제 자신이 남긴 냄새가 어떻게 변했는지 확인하고 싶은 마음이 가장 큽니다. '오! 아주 약하긴 하지만 내 냄새가 아직 남아 있네! 대단한걸!' 이렇게 자신이 사는 동네에 익숙해진 반려견들은 마침내 자신이 그 공간에 안전하게 정착했다는 안도감을 느낍니다. 사람들이 좋아하는 식당이나, 익숙하고 편한 장소에 자주 찾아가는 것과 같다고 생각하면 됩니다.

아내와 연애할 때 자주 가던 식당이 하나 있습니다. 인도 요리를 전문으로 하는 곳으로, 고급 식당은 아니었지만 저희 부부가 정말 즐겨 찾던 곳입니다. 계단을 따라 건물 2층으로 올라간 다음 모퉁이를 돌면 식당이 나옵니다. 항상 기다리는 사람들이 많아서 모퉁이를 돌기 직전 오늘은 사람이 얼마나 있는지 예측해 보는 재미가 있기도 했습니다. 근데 식당에 들어가 자리에 앉을 때마다 저희는 매번 같은 말을 했습니다. "우리 처음 왔을 땐 저 자리에 앉았었는데, 그치?" 어쩌다 그자리에 앉게 되면 "와! 여기 우리가 처음에 앉았던 바로 그 자리잖아!"라고 또 같은 이야기를 했습니다. 지금도 그 식당 근처를 지날 때면 꼭 그 건물을 쳐다보게 됩니다.

이 이야기가 반려견의 배변과 무슨 연관이 있냐고 할 수도 있지만, 저는 아주 비슷하다고 느낍니다. 반려견들의 배변은 자연스러운 욕구이지만, 때론 소중한 것을 기억하는 수단으로 사용되기도 합니다. 식당 벽에 글씨를 써 놓은 사람은 다음번에 갔을 때 그 흔적을 찾아보기 마련입니다. 자신의 글씨가 남아 있는 걸 발견하면 잠시나마 행복을 느낍니다. 반려견도 똑같습니다. 늘 같은 장소에 찾아가 자신의 배변 냄새를 반복해서 맡으면서 그 공간에 정착했다는 안도감을 그리고 오늘 하루도 무사히 잘 보냈다는 행복감을 느끼는 것입니다.

반려견의 배변에는 재밌는 부분도 있습니다. 반려견들

171

은 자신의 소변을 이용해 근처에 사는 다른 반려견들과 정보를 주고받으며 서로의 안부를 확인합니다. 마치 사람들이 SNS를 이용해 다른 이들과 소통하는 것과 비슷합니다.

"어, 오늘은 '똘이'가 벌써 산책을 왔다 갔네!"

"'릴리'는 오늘 산책 안 했나 봐."

"'다올이' 소변 냄새가 조금 이상한데. 어디 몸이 안 좋나?"

"어? 바로가 중성화 수술을 했나 봐! 안 돼! 다시 냄새를 맡아 볼까? 이상해, 아무래도 중성화 수술을 한 것 같아! 아직 공원에 있을지도 몰라. 바로야! 바로야!"

"어, 이 냄새는 뭐지? 처음 맡아 보는 냄새인데. 낯선 수컷이 등장했어!"

"이 동네엔 힘센 수컷이 정말 많은 것 같아. 나같이 약한 놈은 너무 기가 죽어."

"오오! 지금 발정 난 암컷이 공원에 있나 봐. 보호자님! 우리 빨리 좀 가 봐요!"

이렇게 신나게 산책을 하고 집에 들어온 뒤 배변 패드를 보면 반려견들은 어떤 생각이 들까요? '여기에다 배변을 하라고? 정말 아파트에 사는 거 힘들다. 나도 매일 흙에다 소변 보고, 친구들과 소통하고 싶다.' 이게 바로 사람들이 모르는 반려견의 속마음입니다.

반려견의 배변 실수는 버릇없고 나쁜 습관이라기보다, 뭔가 잘못된 상황에 노출되어 벌어진 사고와 같습니다. 규칙적이지 않고 균형이 깨진 삶을 사는 반려견일수록 아무 데나 배변을 할 확률이 높습니다. 저는 한국에 있는 모든 반려견들이 야외 배변을 하게 되길 바랍니다. 하루에 최소 4번은 집 밖으로 나가 소변만이라도 보고 들어오길 바랍니다. 물론 이 소망이 하루아침에 이루어지지는 않을 겁니다. 하지만 장담할 수 있는 건, 이렇게 야외 배변을 하다 보면 반려견들이 가지고 있는 문제들 대부분이 없어질 거라는 점입니다.

반려견이 밖에 나가야만 배변을 한다고요? 이 습관을 어떻게든 고치고 싶다고요? 죄송합니다. 훌륭한 강아지를 키우고 있는 게 확실하니 앞으로 더 자주 산책을 나가는 쪽으로 마음을 바꾸어 주세요. 부탁드립니다.

반드시 지켜야 할 규칙 하나

모서리 폭격기

⬠

"훈련사님, 우리 강아지는 배변을 정말 잘 가려요. 패드만 딱 깔아 주면 거기다 배변을 하거든요. 여행을 가도 패드만 깔아 주면 무조건 거기에만 배변을 해요. 근데 늘 배변 패드 모서리에 소변을 봐서 치우는 게 어려워요. 이런 문제는 어떻게 고칠 수 있을까요?"

제가 '모서리 폭격기'라 부르는 반려견들이 있습니다. 이런 반려견들은 배변 패드가 어디 있는지도 알고, 그곳에 배변을 해야 한다는 것 또한 잘 아는데도 꼭 패드 모서리에다 소변을 봐서 보호자를 힘들게 합니다. 배변 패드를 사용할 때 네 다리가 모두 패드 안으로 들어가야 하는데 그런 자세로 배변

반드시 지켜야 할 규칙 하나

을 하지 않기 때문에 소변이 바닥으로 새는 겁니다. 그냥 바닥에다 하면 그나마 치우기가 편할 텐데, 패드 모서리에 실수를 하면 패드 밑으로 소변이 흘러 들어가기 때문에 뒤처리가 더 어렵습니다. 지금은 세상을 떠난 저희 반려견 '첼시'도 비슷한 습관을 가지고 있었습니다. 웰시코기였던 첼시는 나이가 든 후 배변 패드에다 용변을 보았는데, 아침에 일어나 보면 꼭 패드 모서리에 소변을 봐 놔서 아침마다 걸레질을 해야 했습니다. 낮엔 밖에 자주 데리고 나가서 그런지 실수하는 일이 없었습니다. 할 수 없이 저는 새벽에 첼시를 데리고 나가 마당에다 소변을 보게 해 주었습니다. 그랬더니 더 이상 소변 실수를 하지 않았습니다.

반려견들이 모서리 폭격기가 되는 이유는 크게 두 가지입니다.

1. 야외에서 배변을 하고 싶다는 의사 표현
2. 배변과 상관없이 다른 문제나 신체적인 변화가 생겼을 때

토요일에도 학교에 가고 회사에 출근하던 시절이 있었습니다. 주 6일 일했던 그 시절엔 연차 같은 것도 없었기에 '워라벨' 같은 건 꿈도 꾸지 못했습니다. 지금은 어떤가요? 만약 요

그럼에도 개를 키우려는 당신에게

즘 젊은이들에게 주 6일 일하고, 하루에 11시간 넘게 근무하라고 하면 어떨까요? 반려견도 마찬가지입니다. 배변을 볼 곳이 패드밖에 없을 땐 별다른 불만이 없지만, 어느 날 밖에 나가서 흙이나 풀밭에 소변을 보고 뒷발로 땅도 시원하게 차고 나면 상황이 달라집니다. 야외 배변을 경험한 반려견들은 패드 위에 배변을 할 때 아무 생각 없이 앞으로 걸어 나가게 되는데, 그러다 보면 앞다리가 패드 밖으로 너무 많이 나가 결국 패드 모서리에 소변을 흘리게 됩니다. 야외에서 배변을 할 때 장점이 또 하나 있습니다. 흙이나 풀밭에 소변을 보면 곧바로 땅으로 흡수되어 자신의 몸에 튀지 않는다는 겁니다.

대변의 경우도 비슷합니다. 실내에서 대변을 볼 땐 야외에서 대변을 볼 때보다 항문낭이 덜 배출됩니다. 또 실내에서 배변 활동을 하는 반려견들의 경우 빨리 끝내고 싶은 조급한 마음 때문에 대변을 시원하게 못 볼 때도 있습니다. 반려견의 행동을 유심히 관찰해 보면, 야외에서 배변 활동을 할 때 대변 양도 훨씬 많고 항문에 대변이 묻는 경우도 훨씬 적다는 걸 알 수 있습니다.

이런 이유들 때문에 반려견들이 실내에서 배변 패드를 사용할 경우 실수할 확률도 높아집니다. 아마도 배변 패드 모서리에 폭격을 가하는 반려견들은 이런 말을 하고 싶을 겁니다.

"보호자님, 저 이제 배변 패드에다 소변보기 싫어요. 나가서 하면 안 돼요?"

나이가 많은 반려견의 경우엔 배변하는 모습을 보여 주고 싶지 않은 마음 때문에 실수를 하기도 합니다. 즉, 배변 패드의 위치가 너무 공개된 곳에 있을 때 실수를 더 자주 하게 되는 겁니다. 어릴 적에는 배변 패드가 거실 한가운데 있어도 별로 신경 쓰지 않던 반려견도 점점 나이가 들어가면서 불편해하기도 합니다. 특히 나이가 든 반려견일수록 노출된 공간에서 먹거나 싸는 걸 불편하게 생각하는 경우가 많습니다. 만약, 이게 원인이라 생각되면 패드를 구석으로 옮겨 주기만 해도 해결될 수 있습니다. 만약, 제가 키우는 반려견이 이렇게 배변 패드 모서리에 소변을 한다면 저는 이렇게 말할 겁니다.
"아이고, 이제는 더 이상 배변 패드에서 못 하겠다고? 그래, 그동안 수고했어. 내가 욕심이 많았네. 이제 더 자주 데리고 나갈게! 미안하다."

똥을 먹는 강아지

⬟

충격적이게도 제가 키우는 반려견 '대거'는 간혹 똥을 먹습니다. 대거는 이제 막 4살이 된 말리노이즈로, 장난기도 많고 모든 것을 긍정적으로 받아들이는 성격입니다. 훈련도 아주 잘해서 '언젠가 대거랑 같이 대회에 나가 볼까?'라는 생각을 한 적도 있습니다. 식욕도 대단해서 사료 한 알이면 어떤 어려운 동작도 너끈히 수행해 냅니다. 이렇게 재능이 뛰어난 대거가, 똥을 먹다니요….

대거는 보통 하루에 2~3회 정도 대변을 봅니다. 평소엔 제가 곧바로 치우기 때문에 괜찮은데, 가끔 제가 다른 일을 하는 사이 대변을 보면 그런 일이 벌어지곤 합니다. 아무도 자신의 대변을 치우지 않으면 대거는 슬금슬금 자신의 대변

그럼에도 개를 키우려는 당신에게

으로 다가가 냄새를 맡습니다. 그 모습은 마치 과학 수사대가 범죄 증거를 살피는 모습과 흡사합니다. 성심성의껏 자신의 대변 냄새를 맡고 있는 녀석을 보고 있자면 전문가의 포스마저 느껴집니다. 그럴 때면 대거의 코는 대변에서 불과 5mm 정도밖에 안 떨어져 있습니다. 꼭 저렇게 가까이 가서 냄새를 맡아야 하나 생각하는 순간, 대거의 혀가 잽싸게 움직여 대변을 살짝 건드립니다.

사실 저는 반려견들이 이런 행동을 해도 제지하지 않습니다. 자신의 대변에 관심을 갖고 살펴보는 행위는 포유류에게 지극히 자연스러운 일이기 때문입니다. 어떤 음식을 먹었을 때 대변 상태가 어떻게 달라지는지, 혹은 대변 냄새가 어떻게 변화되는지를 관찰하는 것은 자신의 건강을 돌보는 긍정적인 행동이라고 생각합니다. 더 나아가 저는 반려견들끼리 서로의 대변 냄새를 맡는 것도 제지하지 않습니다. 대변에는 각자 고유의 냄새가 묻어 있기에 반려견들은 이를 통해 서로에 대한 정보를 나누기도 합니다. 그래서 저는 반려견들이 산책 도중 다른 친구들의 대변 냄새를 맡지 못하게 하지 않을 뿐만 아니라, 반려견이 대변을 누었을 때도 급하게 치우지 않습니다. 오히려 다른 친구들의 냄새를 맡으면서 서로에 대해 알아가는 걸 독려합니다.

"이야! 너는 변이 항상 좋은데! 대단해!"

"너도 변 좋던데! 근데 오늘 네 대변에서 항문낭 냄새가 덜 나던데 무슨 일 있어?"

"아, 어제 산책 나가서 대변볼 때 항문낭이 너무 많이 나오더라고. 새로운 반려견 운동장에 가서 무척 신이 났었거든. 그래서 오늘은 항문낭이 좀 덜 나온 것 같아."

그런데 대거는 가끔 대변을 본 후 냄새만 맡는 게 아니라 살짝 맛도 봅니다. 앞에서도 말씀드렸듯이, 사실 저는 이걸 문제 행동이라 생각하지 않습니다. 다만, 이런 행동이 습관이 되지 않도록 대변을 보는 즉시 바로 치워 주는 데 집중합니다.

반려견이 자신의 대변을 먹는 이유를 알아내기 위해 책도 찾아보고, 연구 자료들도 뒤져 보았는데 속 시원한 답을 얻진 못했습니다. 사실 저도 딱 부러지게 말씀드릴 순 없지만, 그동안 쌓은 경험과 지식을 바탕으로 몇 가지 이유를 유추해 보았습니다.

단순한 호기심에서 유발된 행동

5살 때쯤인가 제 아들이 자신의 코딱지를 먹는 걸 본 적

그럼에도 개를 키우려는 당신에게

이 있습니다. 그때 "나도 줘!" 이러면서 같이 장난을 쳤던 기억이 납니다. 얼마 지나지 않아 이런 행동은 사라졌습니다. 저도 아주 어릴 때 코딱지를 먹었습니다. 그러다 엄마한테 혼이 나기도 했지요. 하지만 지금은 코딱지를 먹지 않습니다. 어릴 때는 사람도 개도 정말 다양한 장난들을 칩니다. 한창 신체가 발달하는 시기이기에 달리고, 점프하고, 기어다니고, 미끄러지고, 이렇게 몸으로 할 수 있는 모든 장난을 해 댑니다.

어린 시기엔 활동량이 많기 때문에 당연히 먹는 것에도 관심이 많습니다. 매운 음식, 차가운 얼음 등 모든 것을 궁금해합니다. 제 아들은 매운 걸 못 먹는데, 식당에 갔을 때 고추가 나오면 꼭 저에게 먹어 보라고 합니다. 제가 고추를 먹고 매워하는 모습이 재밌는 겁니다. 반려견들도 이와 비슷해서, 호기심이 많은 어린 강아지들은 뭐든 입에 넣고 싶어 합니다. 길을 가다 돌이나 나뭇가지를 보면 입에 넣거나 이빨로 물어 보기도 합니다. 그러다 대변을 발견하면 그것도 입으로 건드려 봅니다. 이때 개들마다 보이는 반응이 다 다른데, 대부분 "우웩!" 이러면서 자신이 실수했다는 걸 알아챕니다.

그런데 종종 "오! 색다른데?" 이러면서 한 입 베어 먹는 친구들도 있습니다. 이를 본 보호자가 대변을 바로바로 치워 버리면 자연스럽게 기회가 사라지면서 더 이상 대변을 먹지 않게 됩니다. 간혹 그 독특한 경험을 잊지 못하는 녀석들은 이후에도 한두 번 정도 대변을 먹기도 합니다. 사람들한텐 혐오스럽고 구역질 나는 짓이지만, 반려견들에게는 평범하고 자연스러운 행동입니다.

우리가 이해할 수 없는 행동들은 이뿐만이 아닙니다. 어떤 녀석은 썩은 생선 냄새를 온몸에 묻히기도 하고, 어떤 녀석은 고라니 똥을 먹기도 하고, 어떤 녀석은 목욕 후에 곧바로 흙 위에서 구르기도 합니다. 우리는 이해할 수 없지만 반려견들에겐 이런 일들이 엄청 신나는 일일 수도 있습니다. 그러니 때로는 그냥 모른 척 지나가 주는 게 그들을 진정으로 이해해 주는 방법이 아닐까 합니다.

어미 견을 따라 하는 행동

반려견들은 따라 하는 것을 정말 좋아합니다. 그저 재미로 자신이 좋아하거나 의지하는 상대의 행동을 따라 할 때도 있지만, 사실 모방하는 행동은 그 자체로 반려견의 생존에 큰 영향을 끼칩니다. 사람도 누군가를 좋아하면 은연중에 그 사람의 행동을 따라 하게 됩니다. 소개팅에 나온 상대가 마음에 들 경우, 상대가 컵을 만지면 같이 만지고, 상대가 의자에 기대면 같이 기대면서 무의식적으로 상대의 행동을 따라 하곤 합니다. 이렇게 상대에게 우호적인 감정을 가지고 있을 때, 그 사람의 행동을 모방함으로써 자신이 같은 편에 속해 있다는 걸 표현하는 일은 일상에서 흔히 볼 수 있습니다. 반대로 상대가 싫거나 서로 의견이 맞지 않을 때는 다른 곳을 쳐다본다거나, 팔짱을 낀 채 건성으로 듣는 듯한 태도를 보이기도 합니다. 또 같이 걸을 때도 상대의 속도에 맞추지 않고 혼자 앞서가거나 느리게 걷는 식으로 '우리는 같은 편이 아니야.'라는 본심을 표현하기도 합니다.

어미한테 절대적으로 의존해야 하는 새끼들이 어미의 행동을 따라 하는 건 어쩌면 너무도 당연한 일입니다. 어미 견은 스스로 배설을 하지 못하는 어린 새끼들의 배를 핥아 배변을 유도하고, 그 대변과 소변을 먹음으로써 보금자리를 깨끗하게 유지합니다. 성장하는 동안 어미를 지켜본 새끼들은 이런 행동까지 따라 하게 됩니다. 이후 새끼들이 스스로 배변을 하기 시작하면 어미가 새끼들의 대소변을 먹어 치우는 일도 점차 줄어듭니다. 물론 대변을 먹는 개들이 모두 어릴 적 보았던 어미의 행동을 모방하는 거라고 하긴 어렵습니다. 하지만 '퍼피밀puppy mill, 개 공장'같이 좁은 케이지 안에서 태어나고 자란 새끼들이라면 어미의 모습을 오랫동안 지켜보며 모방할 가능성도 높아집니다. 2개월 된 강아지가 자신의 대변을 먹는다면 이런 환경에서 태어나 자라면서 제대로 된 관리를 못

반드시 지켜야 할 규칙 하나

받았을 가능성도 있습니다.

서열의 문제

개는 사회적 동물입니다. 생존을 위해 협력도 하고 싸움도 하며, 문제가 있는 개체를 무리에서 내쫓기도 합니다. 무리를 안정적으로 유지하기 위해 끊임없이 상대의 기분을 살피고, 동료의 감정에 공감하는 제스처를 취하며, 강한 상대 앞에서는 겁먹은 모습을 보이기도 합니다. 개들은 무리의 리더로 인정받는 개의 비위를 맞추는 행위를 자주 합니다. 이런 행동을 어느 정도는 사명으로 받아들이는 것 같기도 합니다. 이렇게 무리 생활을 하는 개들은 어떻게든 자신이 믿고 좋아하는 상대에게 '당신을 좋아하고 존경합니다.'라는 감정을 전달하려 애씁니다. 어떤 녀석들은 이런 생각이 너무 간절한 나머지 소변을 상대에게 바치기도 합니다. 대변을 먹는 것도 이런 행동들 중 하나로 볼 수 있습니다. 실제 야생 늑대들의 사회를 들여다보면, 서열이 낮은 개체가 서열이 높은 늑대의 대변을 맛보는 행동이 관찰되곤 합니다.
어릴 적 제가 반려견 훈련소에 있었을 때만 해도, 자신이 관리하는 개들의 대변은 직접 치우지 않는 규칙이 있었습니다. 그래서 훈련사들은 서로 바꾸어서, 다른 훈련사가 관리하는 개의 대변만 치웠습니다. 이런 규칙이 오래가진 않았지만, 어쨌든 저도 한동안은 제가 관리하는 개 앞에서 그 개의 대변을 치우는 모습을 보이지 않도록 노력했습니다(지금 생각해 보면, 좀 엉뚱한 규칙이었던 것 같습니다).

반려견들을 오랫동안 관찰해 본 결과, 보호자가 자신의 대변을 치울 때 멀찌감치 피해 있는 녀석이 있는가 하면, 보호자에게 다가와서 애교를 부리는 녀석도 있습니다. 후자처럼 자신의 대변을 치우는 보호자한테 애교를 부리는 행동은 크게 의미가 있어 보이진 않습니다. 보호자가 허리를 숙이는 과정에서 자신에게 얼굴을 가까이 대니 그저 반가워서 하는 행동처럼 보입니다. 근데 반대로 대변을 치울 때 멀리 떨어져 있는 반려견들의 경우엔 그들에게 대변이 어떤 의미가 있다는 걸 유추해 볼 수 있습니다. 물론 제 생각과 달리 이런 행동에 특별한 의미가 없을 수도 있습니다. 어쨌든 보호자가 자신의 대변을 치울 때 멀찌감치 떨어져 있고 싶어 하는 반려견들은 대변을 다 치우고 난 후에야 보호자에게 와서 인사를 하거나 애교를 부립니다. 이걸 보면, 어떤 개들에게는 대변이 중요한 의미를 갖는다는 걸 알 수 있습니다.

반드시 지켜야 할 규칙 하나

형제들과의 경쟁

어릴 적 어미의 행동을 따라 하는 과정에서 대변을 먹는 강아지도 있지만, 단순히 경쟁심에서 대변을 먹는 녀석들도 있습니다. 태어나서 30일 정도가 지나면 어린 새끼들도 경쟁이란 걸 하게 됩니다. 젖을 먹을 때면 눈도 못 뜬 새끼들이 서로 밀쳐 내며 어미 배로 달려드는 걸 볼 수 있습니다. 한 달 넘게 이런 행동을 반복한 새끼들은 옆에 있던 형제가 어미에게 다가가기만 해도 자동적으로 자기도 엄마 젖을 향해 달려듭니다. 물론 배가 고파서 그럴 수도 있겠지만, 단순히 형제 강아지한테 경쟁심을 느껴 그러는 경우도 많습니다.

이런 심리는 단지 어미 젖을 먹을 때만 나타나는 게 아닙니다. 보호자가 나타났을 때도 무리 중 한 마리가 다가가면 다른 친구들도 덩달아 같이 움직입니다. 또, 한 마리가 신나 하면 옆에 있던 녀석도 같이 신나 합니다. 이렇게 다른 개의 행동을 모방하는 것 역시 생존에 유리하게 작용합니다.

하지만 생존을 위한 이런 행동들도 쓸데없는 경쟁심을 부추길 땐 문제가 되기도 합니다. 어떤 강아지가 대변을 본 후, 단지 어미 흉내를 내기 위해 자신의 대변 냄새를 맡아 봅니다. 근데 옆에 있던 형제가 이걸 보고 '저놈이 혼자 맛있는 걸 먹고 있네!' 이렇게 착각하고는 그 대변을 뺏어 먹거나 물

그럼에도 개를 키우려는 당신에게

고 달아납니다. 그럼 옆에 있던 다른 형제들은 정말 뭔가가 있는 줄 알고 대변을 물고 달아나는 강아지를 쫓아갑니다. 대변을 물고 도망쳤던 녀석 또한 형제들이 욕심을 내며 달려드니 끝까지 뺏기지 않으려 발버둥을 칩니다. 이렇게 정신없이 경쟁을 하다 보면 결국 그게 대변이라는 걸 알아차리는 녀석도 있지만, 어떤 녀석들은 먹을 거로 착각하고 덥석 삼켜 버리기도 합니다. 그 순간 옆에 있던 다른 강아지들이 아쉬워하는 모습까지 보이면 대변을 먹은 강아지는 다음에도 이 행동을 반복할 수 있습니다.

이런 행동은 생후 30일 정도 지난 강아지들에게 자주 보이는데, 제 생각에 큰 문제는 아닙니다. 하지만 자연스러운 행동이라고 해서 그냥 놔둬서도 안 됩니다. 생후 한 달 정도가 된 강아지는 차츰 형제들과 떨어져 지내는 연습을 해야 합니다. 그런데 입양 직전까지 계속 형제들과 같이 어울리며 생활한 경우, 이렇게 집단의 분위기에 쉽게 휩쓸리는 경향을 보입니다. 전문적으로 강아지를 번식시키는 '브리더'가 없는 한국에서는 강아지들이 태어나서 보호자에게 입양되기 전까지 대부분 방치되는 경우가 훨씬 많습니다.

반드시 지켜야 할 규칙 하나

불안

　제가 키웠던 반려견 중에 '다올이'라는 보더콜리가 있었습니다. 3살이 넘어서 제게 온 다올이는 너무 다정하고 사랑이 많은 친구였습니다. 사람들도 무척 좋아했는데, 특히 저를 좋아해서 무척 잘 따랐습니다. 그런 다올이에게도 걱정되는 행동이 하나 있었는데, 그건 천둥이나 번개가 칠 때 무척 불안해한다는 거였습니다. 정도가 좀 심해서 비가 요란스럽게 올 때도 무척 무서워했는데, 그럴 때면 겁에 질려 대변을 보기도 했습니다. 여기까지는 그렇게 특별하다고 할 수 없습니다. 많은 개들이 천둥이나 번개를 무서워하기 때문입니다. 자기 집에 들어가 안 나오는 개들도 있고, 벌벌 떨며 보호자 옆에 딱 붙어 있는 반려견도 많습니다.

　근데 다올이는 좀 특이한 불안 증세를 보였습니다. 천둥이나 번개가 치는 날이면 대변을 본 후 그걸 물어다가 엉뚱한 곳에 숨겨 두곤 했습니다. 자기 나름엔 숨긴다고 한 것이겠지만, 대부분 거실 끝에 있는 구석에 갖다 두었기에 냄새를 따라가면 쉽게 찾을 수 있었습니다. 이런 행동은 처음 만났을 때부터 죽기 직전까지 계속 이어졌습니다. 다른 개들에 비해 다올이는 불안과 스트레스가 좀 많은 편이었습니다. 하지만 평소에는 이런 행동을 전혀 하지 않았습니다.

저는 천둥이나 번개가 칠 때 보이는 다올이의 모습에 당황하지 않았습니다. 녀석의 행동은 불안한 반려견들이 보이는 모습과 비슷했고, 제가 충분히 예측할 수 있는 범위 안에 있었기 때문입니다. 언젠가 이사를 했을 때도 다올이는 불안한 모습을 보이며 한 2주 정도 자신의 대변을 밟고 다녔습니다. 어떨 땐 대변을 여기저기 흩트려 놓고는 그 위에 앉거나 누워 있기도 했습니다. 평소에도 다올이는 이런 방식으로 자신의 불안을 표현했기에, 천둥과 번개에 놀랐을 때 보이는 반응 또한 특별하게 생각하지 않았던 겁니다. 저는 그저 이런 면을 다올이의 타고난 성향이라 생각하고, 교정하는 대신 수용해 주기로 했습니다. 그리고 또 하나, 반려견들은 대변뿐만 아니라 소변으로도 자신의 불안한 감정을 표현한다는 것도 기억해 두면 좋겠습니다. 만일 집에 들어갔을 때 사방에 대변이 흩트러져 있다면 무조건 반려견이 먹었다고만 생각하지 말고, 혹시 물어서 옮기려 한 건 아닌지 살펴보길 바랍니다.

사람들도 마음속 어딘가로부터 밀려오는 불안을 속절없이 맞이할 때가 있습니다. 그럴 때면 의욕이 사라지고 입맛도 떨어집니다. 심할 경우엔 제대로 사고를 하지 못하기도 합니다. 개들도 그렇습니다. 사람이 만든 세상에서 아무렇지 않은 듯 살고 있지만 그들도 나름의 힘든 일들이 있을 겁니다. 그럴 때면 어쩔 줄 몰라 하며 아무 데나 대변을 보고 입에 물고 다니기도 합니다. 어떤 녀석은 불안에 시달린 나머지 자포자기한 표정으로 대변을 깔고 앉거나 그 위에 엎드리기도 합니다. 배변 실수를 했거나 대변을 먹은 흔적이 있다면 반려견을 혼내기 전에 왜 그랬을까를 먼저 생각해 보면 좋을 것 같습니다. 그러면 반려견들도 여러분께 감동할 겁니다.

그럼에도 여러분의 반려견이 대변을 먹는다면, 그래서 그 행동을 고치고 싶다면 정말 좋은 방법이 하나 있습니다. 반려견을 데리고 밖에 나가 산책을 하는 겁니다. 야외에서 대변을 볼 경우 대부분의 반려견들은 자신의 대변을 먹지 않습니다. 이렇게 하루에 몇 번씩 야외에서 대변을 보게 해 주고, 이를 두 달 정도 반복하면 결국 대변을 보고도 먹지 않는 개가 될 겁니다.

야외 배변은 참 여러모로 반려견들을 행복하게 만듭니다.

그럼에도 개를 키우려는 당신에게

잠자리에
소변을 보는 반려견

⬟

반려견에게 소변은 많은 의미가 있습니다. 예전에 자신이 잠
자는 방석에 소변을 본 다음 그 위에서 잠을 자는 반려견을
만난 적이 있습니다. 보호자는 그 친구를 정말 형편없는 반려
견이라 욕하면서 제가 그런 행동을 고쳐 주길 원했습니다. 자
신이 쓰는 방석이나 잠자리에 소변을 본다면 지금 반려견이
큰 위기를 겪고 있다는 걸 의미합니다. 마치 기둥이 없는 건
물 같다고나 할까요? 개들을 볼 때면 사람과 비슷한 점들이
많다는 걸 느낍니다. 위기가 닥쳐도 환경에 굴하지 않고 어
떻게 살아야 할지를 잘 아는 사람들이 있습니다. 이와 반대로
모든 것이 풍족함에도 항상 불안에 떨며, 일탈을 일삼거나 현
실에서 도피해 동굴로 숨어 버리는 사람들도 있습니다.

개들도 마찬가지입니다. 어떤 개들은 폭력적인 상황에 방치되어도 자신이 해야 하는 것을 잘 알고 이를 지켜 나갑니다. 예전에 식용견 농장을 방문했을 때, '뜬장바닥까지 철망으로 만들어 배설물이 그 사이로 떨어지도록 만든 개 장'에 있는 개를 본 적이 있습니다. 그 녀석은 구멍이 숭숭 뚫린 철망 위에서도 잠자리와 배설 장소를 구분하려 애쓰고 있었습니다. 그 모습이 너무 안쓰럽고 기특했습니다. 제 눈에는 그 모습이 마치 언젠가는 꼭 이곳에서 나가 제대로 잘 살아 보고 싶다는 의지로 보였습니다. 물론 이와는 반대로 자신이 본 소변을 밟기도 하고, 그 위에 넘어져 얼굴에 소변이 범벅이 된 상태로 좋다고 주인에게 달려가 안기는 녀석들도 있습니다.

어쨌거나 자신이 잠자리로 쓰는 방석에 소변을 보는 반려견의 경우 심각한 문제가 발생한 것만은 분명합니다. 삶을 지탱해 주던 기둥 같은 것이 무너졌거나, 지금의 생활 방식이 과연 맞는 것인지 의심하고 있는 것일 수도 있습니다. 하지만 이걸 엄청나게 심오한 의미가 있는 것으로 받아들일 필요는 없습니다. 그저 내가 사랑하는 사람들과 함께 지내는 곳에서, 내가 너무도 좋아하는 장소에서 배변을 하고 싶지 않다는 정도의 의미로 받아들이면 됩니다. 해결책 또한 별것 없습니다. 그냥 반려견을 데리고 밖에 자주 나가면 됩니다. 밖에 나가서 실컷 냄새 맡게 해 주고, 배변을 할 수 있게 도와주면 되는 겁니다. 이런 산책을 하루에 2번 정도, 매일 같은 시간에 해 주면 더 좋습니다. 시간적 여유가 많은 경우, 더 자주 데리고 나가면 반려견들은 크게 감동할 겁니다. 만일 하루에 4번 데리고 나간다면, 분명 그 반려견은 자신이 세상에서 제일 행복하다고 생각할 겁니다.

개들은 우리에게 대단한 걸 바라지 않습니다. 자신이 제일 좋아하는 사람들과 공간을 소중하게 지킬 수 있도록 도와주는 것. 이게 반려견에게는 궁극의 행복입니다. 자신이 얼마나 반려견을 사랑하는지 증명하고 싶어 하는 사람들이 많습니다. 하루에도 사진을 수십, 수백 장씩 찍고, 비싼 옷을 사서 입히고, 산책을 할 때도 휴지를 들고 다니면서 얼굴과 엉덩이를 계속 닦아 줍니다. 이러면서 자신이 반려견을 위해 얼마나 많은 것을 희생하고 있는지 끊임없이 과시합니다. 하지만 이렇게 자신을 과시하는 것보다는 그냥 반려견과 함께 산책을 나가는 게 진짜 반려견을 위하는 행동입니다. 반려견은 사진을 찍어 주길 바라지 않습니다. 옷을 입혀 달라고 하지도 않습니다. 보호자와 함께 산책을 나가는 것, 이게 바로 반려견이 가장 바라는 것입니다. 이게 전부입니다.

저는 자신의 방석에 소변을 본다는 반려견에게 다음과 같은 해결책을 제시했습니다.

- 현재 사용하고 있는 방석은 버리기.
- 새 방석은 보호자가 잘 보이는 곳이 아닌, 평소 보호자가 앉아 있는 곳 옆에 두기.
- 방석에서 밥이나 간식을 먹게 하기.
- 무릎에 올라오는 것을 거절하기.
- 하루에 4번 산책하기.

그런데 문제가 있었습니다. 그 반려견의 보호자는 너무 바빠서 집에 오면 잠만 잔다고 했습니다. 결국 하루에 4번 산책하는 건 도저히 불가능해서 저녁에 한 번만 산책을 나가기로 했습니다. 제가 제시한 해결책대로 실천한 지 4일쯤 되었을 때, 그 친구는 더 이상 자신의 방석에 소변을 보지 않았습니다. 그러자 보호자는 문제 행동을 없애는 데 성공했다고 생각한 나머지 다시 산책을 나가지 않았습니다. 곧 그 반려견은 다시 방석에 소변을 보기 시작했습니다. 그 보호자는 자신이 4일 동안 노력했는데, 좋아지는 듯하다가 다시 원래대로 돌아왔다면서 훈련비를 환불해 달라고 요구했습니다. 환불을 받으면 위탁 훈련소에 반려견을 맡길 거라고 하면서 말이죠.

반려견은 현재 마음 상태를 배변을 통해 표현하기도 합니다. 저는 웬만하면 설거지 거리를 바로바로 처리합니다. 요리할 때도 중간에 틈틈이 설거지를 해서, 요리가 끝날 쯤이면 어질러져 있던 부엌도 깔끔하게 정리되어 있습니다. 만일 설거지 거리를 그냥 방치해 두었다면, 그건 저답지 않은 행동이고, 제가 평소와는 다른 상태라는 걸 의미합니다. 아마도 삐졌거나, 섭섭했거나, 내 마음을 좀 알아 달라거나, 그런 의미겠죠. 이렇게 사람들 또한 행동을 통해 감정 상태를 드러냅니다. 입을 내밀거나, 문을 세게 닫거나, 밥을 깨작거리면서 먹는 것도 비슷한 행동입니다. 반려견도 우리와 똑같습니다. 그 중에서도 배변은 대표적인 수단입니다.

보호자가 집을 깨끗이 정리하고, 반려견과 함께 규칙적으로 산책을 나가고, 건강한 음식을 제공해 주면 특별히 배변 훈련을 할 필요가 없습니다. 그렇게만 해 주면 반려견들은 자신이 어디에 배변을 해야 하는지 자연스럽게 알게 됩니다.

간식을 이용해 반려견이 패드에 배변을 하게 만드는 것은 어려운 일이 아닙니다. 하지만 간식을 이용해 자신이 아끼는 장소 혹은 자신이 좋아하는 사람들과 함께 머무는 장소에서 배변을 하고 싶어 하지 않는 본능까지 없애는 건 쉽지 않습니다. 물론 실내에 배변 패드를 두는 것도 마냥 나쁘다고 할 수는 없습니다. '보호자도 맘에 들고 불만도 별로 없으니, 배변 패드를 이용하면서 그냥 대충 살지 뭐~.' 이렇게 생각하는 녀석들도 있긴 합니다. 하지만, 장담할 수 있는 건 실내에서 배변을 잘하는 반려견들도 밖에서 배변을 하게 해 준다면 훨씬 행복해할 거라는 점입니다.

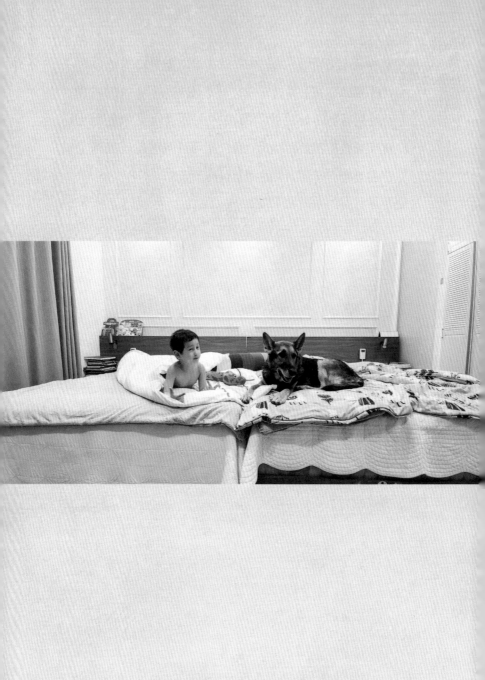

아무 데나 마킹을 한다면

"보호자님이 자녀와 공원에서 산책을 한다고 가정해 보세요. 벤치에 같이 앉아 쉬고 있는데, 15살 정도 된 자녀가 계속 바닥에 침을 뱉는다면 어떤 생각이 들 것 같으세요?"

만일 제가 저런 상황에 놓인다면 제 아들에게 "너 지금 뭐해?"하고 물어볼 것 같습니다. 15살이면 공중도덕이 뭔지 충분히 아는 나이니, 많은 사람들이 함께 이용하는 장소에서 바닥에 침을 뱉는 게 예의 없는 행동이란 것도 분명 알고 있을 겁니다. 그럼에도 아빠로서 최대한 인내심을 발휘해 도대체 왜 이런 행동을 하는지 그 이유를 먼저 물어볼 것 같습니다.

"여기가 공공장소라는 걸 잘 알고 있을 텐데, 게다가 아빠도 바로 옆에 앉아 있는 상황에서 기본적인 예의도 지키지 않고 계속 침을 바닥에 뱉는 이유가 대체 뭐야? 나는 네 행동이 아빠에 대한 존경은 물론이고 다른 사람들에 대한 최소한의 배려심도 없다는 생각이 드는데, 혹시 나한테 하고 싶은 말이라도 있어?"

물론 아이한테도 이런 행동을 하는 사정이 있을 겁니다. 한편으로 아이는 부모의 모습을 보고 배운다고 하니 부모로서 스스로를 돌아보는 기회가 되기도 하겠지요. 그럼에도 제가 이렇게 민감한 비유를 든 건 예의 없게 행동하는 반려견들 이야기를 하기 위해서입니다.

집 안에서 아무 데나 마구 마킹을 해 대는 반려견들이 있습니다. 보통 이런 경우 집안 분위기가 좋지 않을 가능성이 높습니다. 반려견을 통제하는 원칙도 없고, 집은 정리가 안 된 채 마구 어질러져 있고, 반려견도 여러 마리인 데다가, 산책은 전혀 하지 않는 그런 집일 가능성이 높습니다. 보호자 또한 스스로를 잘 돌보지 못하는 사람일 가능성이 큽니다. 아니라면 게으르거나 나쁜 사람이겠지요. 그것도 아니라면 정서적으로 도움이 필요한 사람일 수도 있습니다.

신기하게도 반려견들은 더러운 곳을 싫어할 뿐만 아니라, 깨끗한 곳을 더럽히지도 않습니다. 깨끗한 곳을 더럽히지

그럼에도 개를 키우려는 당신에게

않는다는 것은 누군가 깨끗하게 유지하려 노력하는 모습을 봤다는 의미입니다. 즉, 가장 중요한 것은 보호자가 평소에 주변을 깨끗하게 유지하려는 태도를 보여 주는 겁니다. 보호자가 평소 오물이 묻었을 때 바로 치우거나 오래 방치하지 않으면 반려견은 '우리 보호자는 이곳을 더럽히고 싶지 않아 하는구나!'라고 생각하게 됩니다.

집 안 이곳저곳 아무 데나 마킹을 하는 반려견이 있다면 보호자는 곧바로 지적을 해야 합니다. 그리고 지적할 땐, 소방관이 길을 걷다 쓰레기 더미에서 불씨를 봤을 때 대응하는 방식과 같아야 합니다. 호들갑스럽게 소리만 지르지 말고, 문제를 정확히 파악하고 적절하게 대응하라는 얘기입니다. 많은 보호자들이 반려견을 예뻐하거나 문제를 지적할 때 감정적으로 대하는 모습을 많이 봅니다. "불? 불이잖아! 뭐야! 누가 저런 거야? 신고해야 하나? 어떡하지?" 이렇게 하지 말고, "저기 불이 난 것 같은데? 가 보자!" 이런 식으로 침착하게 대응해야 합니다.

반려견을 키운다는 건 반려견을 가르치고 이끄는 리더가 되는 것입니다. 제가 계속 리더나 대장이 되어야 한다고 말씀드리면 몇몇 보호자들은 이렇게 대꾸합니다. "저는 친구 같은 보호자가 되고 싶어요." 근데 이 말은 들으면 들을수록 참

어처구니가 없는 이야기입니다. 책임은 지기 싫고, 그저 예뻐하고 놀아만 주겠다는 무책임한 말입니다.

반려견은 동물입니다. 개들은 '동등한 사회'가 무엇인지 알지 못합니다. 반려견들에게 동등하다는 것은 일종의 규율이 없는 무방비한 상태와도 같습니다. 일상에서 특별히 위험한 것들에 노출되지 않는 사람들은 무방비한 상태가 더 자유롭게 느껴질 수도 있습니다. 하지만 개들에게 무방비한 상태는 내가 차지한 것도, 내가 쉬는 장소도 아무 이유 없이 누군가에게 뺏길 수 있다는 불안감을 느끼게 만듭니다.

만약 여러분이 열심히 일해서 월급으로 3백만 원을 받았는데, 다른 직원은 사장한테 잘 보여 출근도 하지 않고 3백만 원을 받았다면 어떨까요? 새벽에 일찍 도서관에 가서 쾌적한 자리를 맡았더니 도서관에서 일하는 사람이 와서 자기 친구에게 그 자리를 양보하라고 하면 어떨까요? 안타깝게도 많은 보호자가 이렇게 아무 규율도 없이 지내는 걸 친구 같은 보호자가 되는 길이라고 착각하고 있습니다. 사실상 자신의 팀을 엉망으로 관리하고 방치하면서 이걸 공정한 리더십이라고 착각하는 보호자는 반려견을 더 혼란스럽게 만들 뿐입니다. 만일 인간 세상이 이렇게 돌아간다면 사람들은 얼마 못 가 폭동을 일으킬 겁니다.

그럼에도 개를 키우려는 당신에게

집 안 아무 데나 마킹을 하는 문제는 반려견이 여러 마리 있는 다견 가정일 경우 더욱 큰 문제가 됩니다. 한 녀석이 계속 아무 데나 마킹을 하고 다니는데도 보호자가 아무런 제재를 하지 않는다면 아마도 다른 반려견들은 그 공간을 떠나고 싶을 겁니다. 이건 사람들의 사회를 떠올려 봐도 금세 이해할 수 있습니다. 예를 들어 어떤 마을에 불법적인 행동을 하는 사람이 있다고 가정해 보겠습니다. 허구한 날 소리를 지르고, 쓰레기를 아무 데나 갖다 버려서 더 이상 참지 못한 마을 사람들이 경찰서에 신고를 했더니 그저 참으라는 말만 돌아온다면 어떨까요? 경찰들이 방치하는 사이 그 사람은 더 심하게 행패를 부리고 급기야는 남의 집에 들어가 도둑질을 하는 걸로도 모자라 사람까지 때리고 다니기 시작했습니다. 그런데도 여전히 경찰은 왜 이웃끼리 서로 친하게 못 지내냐고 훈계만 합니다. 결국 더 이상 참을 수 없었던 어떤 사람이 그 사람을 찾아가 앞으로 한 번만 더 말썽을 피우면 가만두지 않겠다고 경고를 했습니다. 하지만 그것조차 아무 소용이 없었고, 결국 마을에선 큰 싸움이 일어나고 말았습니다. 만약 경찰이 초반에 문제의 심각성을 간파하고 빠르게 대처했다면 마을에서 큰 싸움이 벌어지는 일은 없었을 겁니다.

이 사례를 다견 가정에도 그대로 적용해 볼 수 있습니다. 아무 데나 마킹을 하는 반려견은 마을에서 행패를 부리는 사람과 똑같다고 보면 됩니다. 과연 보호자로서 당신은 어떤 경찰에 가까운가요?

반려견이 집 안에서 마킹을 한다는 건 단지 마킹의 문제가 아니라, 그 집에 이보다 더 심각한 문제가 있다는 걸 의미합니다. 어쩌면 마킹을 하는 반려견은 보호자에게 평범하게 살고 싶다는 메시지를 이런 식으로 보내고 있는 것인지도 모릅니다.

개들은 자신을 보호해 줄 수 있는 사람과 함께 살고 싶어 합니다. 친구가 아니라요.

2016년 3월, 한창 사회화 교육 중인 '바로'.
고마운 이웃분^^

Part_4

내가 키우는 건 개일까? 반려견일까?

저는 개를 입양했다는 이유만으로

그 사람이 동물을 사랑하는 사람이라고 믿지 않습니다.

개를 여러 마리 키운다고 해서

개에 대한 사랑이 각별한 사람이라고 생각하지도 않고,

유기견을 입양했다고 해서 그 사람이

남들보다 더 도덕적이라고 생각하지도 않습니다.

개를 잘 키우려면 당연히 개를 좋아해야 하지만,

결코 마음만이 전부라고 할 수는 없습니다.

부모가 어떻게
자식을 버리겠어요

⬟

한번은 중년 부부가 상담을 오신 적이 있습니다. 아내분은 이젠 더 이상 개를 못 키우겠다면서 저보고 키워 줄 수 있냐고 물어보기까지 했습니다. 그게 안 된다면 입양 보낼 곳이라도 좀 알아봐 달라는 말까지 했습니다. 그러자 옆에 있던 남편분이 웃으면서 "아니에요. 아내가 힘들어서 그냥 하는 말이니 신경 쓰지 마세요."라고 말했습니다.

사연을 들어 보니 강아지를 처음 입양한 건 남편이었습니다. 근데 남편은 아침 일찍 나가 저녁 늦게 들어오니 정작 강아지를 돌보는 건 아내의 몫이었습니다. 게다가 아내분은 작고 귀여운 푸들을 키우고 싶어 했는데 남편분이 입양한 강아지는 그 유명한 보더콜리였습니다. 반려견을 키워 본 경험이 없는 중년 부부가 처음부터 보더콜리를 키우는 건 정말 쉽지 않습니다. 보더콜리는 척박하고 비바람이 매섭게 부는 스코틀랜드에서 양을 몰던 견종입니다. 그러니 체력은 말할 것도 없고 지능 또한 보통이 아닙니다. 양몰이 견종은 많이 있지만, 지금까지 양몰이 일을 하는 견종으로는 보더콜리가 단연 최고입니다. 한국은 보더콜리를 키운 역사가 짧아서 그런지, 초기에 우리나라에 들어온 녀석들은 진짜로 양을 몰던 보더콜리들의 자손인 경우가 많았습니다. 당시 운동량이 많다 해도 원반 던지기 정도면 충분할 거라 생각하고 이 녀석들을 입양했던 사람들은 고생깨나 했을 겁니다.

부부의 마음을 아는지 모르는지 이제 막 8개월에 접어든 '래시'는 사무실 한구석에 놓여 있던 배변 패드를 물고 이리저리 신나게 뛰어다녔습니다. 제가 웃으면서 "아이고, 이러니깐 아내분이 힘드시다고 하는 거잖아요. 보더콜리 말고 작고 예쁜 강아지나 한 마리 키우시지 그러셨어요."라고 말하자, 남편분은 멋쩍은 웃음만 지었습니다. 사무실에 더 있다가는 물건들이 남아나지 않을 것 같아서 저는 재빨리 래시를 데리고 야외 운동장으로 나갔습니다. 그 와중에도 머릿속엔 걱정이 한가득이었습니다. '어떡하지? 답이 없는데…. 이 녀석은 웬만한 보더콜리들보다도 더 심하네. 앞으로 2년 정도는

그럼에도 개를 키우려는 당신에게

이럴 텐데, 사실대로 말하면 아내분이 정말 다른 곳으로 보내라고 할지도 몰라.'

보더콜리는 사랑스러운 견종입니다. 애교 많은 성격에 사람도 좋아해서 특별한 경우를 제외하면 평소에 사람과 동물 모두에게 친절합니다. 머리가 좋은 반려견들은 사회성이 뛰어납니다. 누구와 친해져야 하는지, 이 사람에게 이렇게 행동해도 되는지, 때와 장소에 맞는 행동은 어떤 것인지 등등을 잘 파악한다는 이야기입니다. 하지만 착한 것과 사회적인 것은 다릅니다. 착한 것은 성품이 온화하다는 겁니다. 누군가에게 강한 자극을 받았을 때 예민하게 반응하지 않는 것을 우리들은 '착하다'고 말하곤 합니다. 근데 보더콜리는 착하면서 사회성도 뛰어난 반려견입니다. 이 말은 경우에 따라서는 착하게만 반응하지는 않는다는 의미입니다.

"나는 너와 친구가 될 수 있어! 그런데 네가 원하지 않는다면, 나도 더 이상 노력하지는 않을 거야."
"미안한데 다가오지 말아 줘. 한 번만 더 나를 귀찮게 하면 널 물지도 몰라."
"보호자님! 보호자님은 나보다 느리고 힘도 약해 보이는데, 제가 대장이 되면 안 되나요?"

이래서 보더콜리를 키우기가 쉽지 않은 겁니다. 골든리트리버 또한 착하면서 사회성도 뛰어납니다. 하지만 보더콜리에 비하면 착한 성품이 좀 더 강하다고 볼 수 있습니다. 골든리트리버는 간식을 준다고 꼬신 다음에 빗질을 해도 그러려니 합니다. 산책 가자고 꼬신 다음에 병원에 데려가도 그러려니 합니다. 근데 보더콜리는 우리의 의도를 너무 잘 간파합니다. 그래서 속이기가 쉽지 않습니다. 머리 좋은 견종을 키울 때는 이런 어려움이 있습니다.

생각대로 래시는 보통내기가 아니었습니다. 몸집은 조금 작았지만 체력도, 점프하는 힘도 대단했습니다. 어찌나 재빠른지 사람들 손에 있는 음식까지도 낚아채 가서, 아내분은 식탁에 편안히 앉아 음식을 먹을 수가 없다고 토로했습니다. 보호자들께는 죄송했지만, 그 말을 듣는 순간 저는 래시에게 묘한 기대감이 들기 시작했습니다. '이 녀석 혹시….'

저는 원반을 몇 개 챙겨 운동장으로 간 다음 낮게 던져 보았습니다. 원반 놀이는 원반을 잡는 반려견도 중요하지만, 원반을 던지는 사람도 무척 중요합니다. 원반을 던지는 사람이 반려견의 움직임을 잘 관찰한 다음 언제, 어디로, 어느 높이만큼 날려 줘야 하는지 정확히 파악해야 반려견도 잘 잡을 수 있습니다. 축구에서 패스를 잘해 줘야 스트라이커가 골을 넣을 수 있는 것과 비슷합니다. 그런데 안타깝게도 저는 원반을 잘 못 던집니다. 제 주특기가 아니어서 평소에도 연습을 많이 하지 않습니다. 그럼에도 래시는 제가 개떡같이 던져 준 원반을 찰떡같이 받아 냈습니다. 낮게 던져도 높게 던져도, 여기저기 아무렇게나 마구 던져도, 공중에서 몸을 이리저리 꺾어 가며 거의 모든 원반을 잡아냈습니다. 사람으로 치자면 래시는 메이저리그급 실력을 가지고 있던 겁니다. 점프도 잘하고, 달리기도 잘하고, 동작도 민첩하고, 제 수준으로는 가르칠 수 없는 명견 중의 명견이었습니다.

그 광경을 지켜보던 남편분은 연신 고개를 끄떡이며 자신의 선택이 틀리지 않았다는 표정을 지었습니다. 아내분 또한 감동받은 얼굴로 래시가 원반을 잡을 때마다 탄성을 질렀습니다. 그러더니 저한테 이렇게 물었습니다.

"이 정도면 재능이 있는 건가요?"

"재능이요? 휴우, 제 실력으로는 감당이 안 될 정도인데요. 만약 더 가르치고 싶으시면 원반을 전문으로 하는 훈련사에게 상담을 받으셔야 할 것 같아요."

"(남편과 래시를 번갈아 보다가) 그럼, 그렇게 해야겠네요. 재능을 그냥 썩힐 순 없죠!"

"아까는 키우기 힘들다고 다른 곳으로 입양 보내고 싶다고 하셨잖아요?"

"아니, 부모가 어떻게 자식을 버리겠어요?"

그 후 그분들은 전문 훈련사를 찾아가서 원반을 열심히 배웠고, 대회에 나가겠다는 목표도 가지게 되었다고 합니다. 그 두 분이 다시 저희 훈련 센터에 들렀을 때 남편분이 제게 이런 이야기를 해 주었습니다.

"그동안 아내가 갱년기 때문에 고생을 많이 했어요. 여행을 가도 재미없다고만 하고, 맛있는 음식을 먹으러 가도 시큰둥했는데, 원반을 배우더니만 요즘엔 매일 래시를 데리고 훈련장에 가요. 사람이 완전히 바뀌었어요. 너무 보기 좋아요. 사실 래시를 데리고 온 것도 아내랑 재밌게 지내 보려던 거였는데, 제가 갑자기 바빠지는 바람에 일이 틀어져 버렸죠. 지금은 너무 좋네요. 대회도 나간다고 하고요!"

* * *

상담을 할 때면 저는 매번 다르게 말을 합니다. 상황이 똑같아도 보호자에 따라 이야기를 다르게 할 때가 많습니다. 반대로 상황도 다르고, 반려견의 문제 행동도 다르지만 해결책은 같을 때도 있습니다.

리트리버를 키우는 신혼부부가 있었습니다. 두 사람 모두 출근을 해야 해서 아직 강아지인 리트리버는 낮에 혼자 집에 있어야 했습니다. 그래서 두 사람은 강아지에게 더 잘해주려고 노력한다고 했습니다. 저는 이 부부에게 특별한 조치를 취할 수밖에 없었습니다.

〈필수〉
- 아침 6시에 일어나서 산책시킬 것!
- 출근 준비를 마친 다음 잠깐이라도 산책시킬 것!
- 퇴근하고 먼저 집에 온 사람이 곧바로 산책시킬 것!
- 늦게 퇴근한 사람이 자기 전에 산책시킬 것!

〈권장〉
- 새벽 3시에 일어나서 산책시키기!

부부는 웃으면서 말도 안 된다고 했지만, 저는 아주 진지했습니다. 리트리버는 강아지 시절 유독 깨무는 행동을 많이 합니다. 악어를 데리고 온 건 아닌가 싶을 정도로 엄청 물어댑니다. 이때 깨물지 못하게 하는 것보다는 다른 행동으로 전환시켜 주는 게 훨씬 도움이 됩니다. 발바닥에 적절한 압력을 느낄 수 있게 하는 것과 적당한 씹을 거리를 주는 게 강아지들

내가 키우는 건 개일까? 반려견일까?

이 안정적이면서도 올바르게 성장할 수 있게 도와주는 방법입니다. 이 모든 것을 한 방에 해결할 수 있는 것이 바로 산책입니다. 강아지를 키우면서 뭔가 어렵고, 잘 모르겠고, 실수하고 있는 건 아닌가 하는 의구심이 든다면 무조건 산책을 많이 하면 됩니다. '반려견을 키우는 게 처음인데, 어떻게 하면 잘 키울 수 있을까?' 이런 고민이 든다면 리드줄부터 손에 쥐세요. 그리고 강아지를 데리고 밖으로 나가면 됩니다. 주말엔 아침에 나가서 저녁에 들어오면 더욱 좋습니다. 강아지와 함께 야외에서 식사도 해 보세요. 정말 멋진 경험이 될 겁니다.

앞에서 말씀드린 것처럼, 비슷한 상황이지만 다른 해결책을 제시하는 경우도 있습니다. 이번에도 어린 리트리버를 입양한 커플의 이야기입니다. 아이가 없던 이 커플은 2개월 된 리트리버를 입양한 후 잘 키우겠다고 다짐했습니다. 그런데 특이한 점은 이미 5개월 된 푸들과 10개월 된 말라뮤트 Malamute를 키우고 있었다는 것입니다. 1년도 채 되지 않는 기간 동안 어린 강아지를 3마리나 입양한 겁니다. 여자분은 출근을 해야 해서 집에 있는 남자분이 강아지들을 돌보고 있었습니다. 저는 왜 이렇게 짧은 기간에 강아지를 3마리나 입양했는지 이해가 되지 않았습니다.

그럼에도 개를 키우려는 당신에게

"보호자님, 그럼 집에 이 리트리버 말고 반려견 2마리가 더 있는 건가요?"

"사실 라쿤도 1마리 있고, 고양이도 2마리 있어요."

"그럼, 반려동물이 모두 6마리네요? 근데 왜 이렇게 강아지를 많이 입양하셨어요?"

"훈련사가 되고 싶어서 알아보다가 입양까지 하게 됐습니다."

"훈련사가 되는데 왜 반려견이 필요해요?"

저는 고민이 되기 시작했습니다. 물론 그냥 웃으면서 "대가족이네요. 행복하시겠어요!"라고 말할 수도 있었습니다. 하지만 저는 상황이 왜 이렇게까지 됐는지 따져 봐야 할 것 같았습니다. 드물긴 하지만 '강아지 쇼핑'을 멈추지 못하는 사람들도 있기 때문입니다. 저는 보호자에게 해결책을 정리해 말씀드렸습니다. 첫째, 입양한 지 얼마 안 된 리트리버는 다시 돌려보낼 것. 둘째, 현재 집에 있는 강아지 2마리를 잘 키우는 일에 집중할 것.

반려견을 여러 마리 키우는 게 문제가 아닙니다. 반려견이 몇 마리인지보다, 잘 키울 수 있느냐가 더 중요하고, 잘 키울 수 있는 조건에는 현실적인 여건도 매우 중요합니다. 개를 때리는 사람이라고 해서 개를 예뻐한 적이 한 번도 없는 사람은 아닙니다. 개를 버리는 사람은 어쨌거나 개를 입양했던 경험이 있는 사람입니다. 개를 사랑해서 입양했다는 말을 저는 믿지 않습니다. 그리고 개를 입양했다는 이유만으로 그 사람이 동물을 사랑하는 사람이라고 믿지도 않습니다. 개를 여러 마리 키운다고 해서 개에 대한 사랑이 각별한 사람이라고 생각하지도 않고, 유기견을 입양했다고 해서 그 사람이 남들보다 더 도덕적이라고 생각하지도 않습니다. 개를 잘 키우려면 당연히 개를 좋아해야 하지만, 결코 마음만이 전부라고 할 수는 없습니다. 개를 별로 좋아하지는 않지만, 양심 있고 성실하며 측은지심을 가진 사람이 반려견을 더 잘 키우는 걸 많이 봤습니다. 반대로 개를 좋아하는 마음밖에 없는 사람이 강아지를 덜컥 입양해 놓고는 금세 버리는 경우도 많이 봤습니다.

강아지를 3마리나 입양했던 남자분은 제게 꼭 좋은 훈련사가 될 거라고 말했습니다. 그런데 좋은 훈련사는 그렇게 되는 게 아닙니다. 한 마리라도 정성을 다해서 키워 본 사람이 좋은 훈련사가 되고, 좋은 보호자가 되는 겁니다. 남자분이 정말 좋은 훈련사가 되도록 돕기 위해서라도 저는 현실을 정확히 알려 주어야 했습니다. 하지만 그분은 3마리 모두 키우겠다고 끝까지 고집을 피웠고, 결국 저는 설득하는 데 실패했습니다.

보호자가 요구하는 대로 단순히 반려견 3마리를 키우는 방법만 알려 주면 될 일입니다. 그런데 언젠가부터 저는 보호자들의 요구대로 해 주는 것이 쉽지 않습니다. 남자분은 직장이 없었습니다. 군대를 다녀온 후 계속 집에서 쉬었다고 합니다. 그러는 사이 여자 친구를 만났고, 당시도 여자 친구가 버는 돈으로 생활 중이었습니다. 그러다 반려견 훈련사가 되고 싶다는 마음이 들었답니다. 그래서 푸들을 입양했고, 대형견도 경험해 봐야 할 것 같아서 다시 말라뮤트를 입양했습니다. 그리고 누군가 대회를 나가려면 머리가 좋은 견종이 필요하다고 해서 또다시 리트리버를 입양했다고 합니다. 엉망진창이었습니다. 군대 전역 후 아무것도 안 하고 집에만 있던 사람이 갑자기 훈련사가 되고 싶다고 개 3마리를 입양하면 무조건 잘 키울 수 있나요? 게다가 집에 라쿤하고 고양이들도 있는데, 그 친구들은 어쩌란 말인가요? 이야기를 들어 보니 집도 그리 크지 않아서 성인 2명과 동물 6마리가 살기에는 충분해 보이지 않았습니다.

이후 이분이 훈련 센터에 잘 오지 않는 바람에 결국 저는 그 반려견들이 어떻게 되었는지 소식을 들을 수 없었습니다. 어떤 사람의 열정을 쉽게 폄훼하면 안 된다는 걸 저도 잘 압니다. 그 열정이 빵을 굽는 거라면 저도 열심히 해 보라고 할 겁니다. 운동을 열심히 해 보겠다고 하면 저도 응원할 겁니다. 하지만 반려동물을 입양한다는 건 살아 있는 생명을 끝까지 보듬고 키워 내는 일입니다. 무언가에 도전해 보라는 말이, 실패를 하더라도 다시 일어서면 된다는 말이 과연 반려견을 키우는 것에도 적용이 될까요? 그래서 저는 반려견 훈련사가 되고 싶다는 분들에게 먼저 유기견 보호소에 가서 일을 돕거나, 반려견 훈련 센터에 취직해서 이런저런 경험을 다양하게 쌓아 보라고 조언합니다.

자신이 놓인 현실적인 상황은 고려하지 않고 무턱대고 개부터 입양해서 데리고 오는 사람에게 저는 할 수 있다고, 열심히 하면 된다고, 그런 무책임한 말은 절대 해 줄 수 없습니다.

그럼에도 개를 키우려는 당신에게

사람을 더 중요하게
생각하는 이유

●

제가 많이 듣는 말 중에 하나가 "저 훈련사는 개보다 사람을
더 중요하게 생각해."라는 겁니다. 제가 평소에 반려견 훈련
을 하면서 사람이 더 중요하기 때문에 개를 이렇게 훈련시켜
야 한다는 식으로 설명을 많이 했나 봅니다. 처음 이런 말을
들었을 때는 사실 좀 당황스러웠습니다. 왜냐면 마치 제가 사
람을 많이 사랑하는 것처럼 비춰지는 것 같았기 때문입니다.
물론 사람을 싫어하지는 않습니다. 하지만 솔직히 개보다 사
람을 더 좋아하는지는 잘 모르겠습니다.

　개라는 존재는 제게 너무도 많은 의미가 있습니다. 어린
시절엔 항상 친구가 되어 주었고, 미래를 꿈꿀 수 있게 해 주
었으며, 사람들 속으로 들어갈 수 있게 징검다리 역할을 해

주기도 했습니다. 지금은 우리 가족을 먹여 살리고 있고, 다정한 친구로 제 옆에 머물고 있기도 합니다. 이렇게 개는 제게 '고맙다.'라는 말 한 마디로는 다 표현할 수 없을 만큼 중요한 존재입니다.

개와 관련된 직업을 가지게 되어 힘든 점도 있긴 합니다. 개가 아니라, 개를 기르는 사람들이 미워진다는 겁니다. 너무 사소하고 엉뚱한 질문만 해 대는 사람들, 학대라 해도 될 만큼 잘못 키워 놓고는 무조건 저보고 고쳐 놓으라고 말하는 사람들을 보면 정말 웃음도 나오지 않습니다. 정말 최선을 다해 상담해 드리고, 보호자도 분명 만족하면서 돌아갔는데 얼마 후 훈련 센터로 연락해서는 상담이 마음에 안 들었다고 욕을 해 대는 사람들도 있습니다.

한번은 훈련 중에 개한테 물린 적이 있습니다. 제 손에서 피가 철철 났고, 보호자는 당황했는지 눈물까지 흘렸습니다. 제가 괜찮다며 안심시켜 드리자 보호자는 이렇게 말했습니다. "훈련사님 때문에 이제 우리 개는 사람을 무는 개가 됐어요. 이 일을 어떻게 하실 거예요!" "네? ⋯." 저는 할 말을 잃었습니다.

그 개는 공격성 때문에 훈련을 받던 중이었습니다. 그럼에도 보호자는 그동안 자기 개는 물려고 시늉만 했지 실제로 사람을 문 적은 없었다며 제게 화를 냈습니다. "보호자님도 물리신 적이 있잖아요?" 제가 반문하자 그분은 "다른 사람을 물었던 적은 없었단 말이에요! 가족만 물었다고요!"라며 억지를 부렸습니다. 이렇게 막무가내로 나오는 분들께는 대체 어떻게 대응을 해야 할까요?

제가 아는 반려견 미용사님은 성격이 사나운 몰티즈의 털을 깎다가 입술을 물린 적이 있습니다. 상처가 얼마나 심했는지 입술은 결국 원래대로 회복되지 못했습니다. 근데 사고가 났을 때, 그분이 병원에 간 사이 동료분이 몰티즈 보호자에게 연락해서 사정을 설명했다고 합니다. 그랬더니 그 보호자는 자기가 더 화를 내면서 몰티즈 털에 피가 묻었다는 둥, 얼마나 자기 반려견을 힘들게 했으면 물기까지 했겠냐는 둥, 자기 개한테 트라우마라도 생기면 책임을 져야 한다는 둥 비상식적인 모습을 보였다고 합니다.

물론 좋은 보호자가 훨씬 많습니다. 하지만 한 번 받은 상처 또한 쉽게 아물지 않습니다. 이런 분들 때문에 반려견과 관련된 일을 하시는 분들이 점점 개보다 사람을 더 무서워하게 되는 겁니다. 사실 사람을 좋아한들 어떻게 모든 사람을 다 좋아할 수 있으며, 사람보다 개를 더 좋아한들 얼마나 더 많이 좋아할 수 있을까요? 제 생각에는 개와 사람 중에 누굴 더 좋아하느냐보다는, 무엇이 먼저인지를 아는 게 더 중요하

그럼에도 개를 키우려는 당신에게

지 않을까 싶습니다.

　근데 무엇이 먼저인지를 가리는 것 또한 쉬운 일은 아닙니다. 예전에 만났던 한 보호자가 생각납니다. 그분이 반려견에 대해 갖고 있던 고민은 무는 행동과 먹는 것에 대한 집착이었습니다. 저는 반려견을 만나는 첫 순간을 굉장히 중요하게 생각합니다. 개든 사람이든 제 사무실에 처음 들어설 때의 모습을 보면 어느 정도는 성향을 파악할 수 있기 때문입니다. 사무실에 들어서면 놀란 눈으로 두리번거리는 반려견도 있고, 전혀 낯설어하지 않고 이리저리 돌아다니는 녀석도 있습니다. 또 보호자 옆에서 잠시도 떨어지지 않는 녀석들도 있는데, 이런 친구들도 다정하게 인사를 건네면 금세 마음을 풀고 생기를 되찾기도 합니다.
　그날 만난 '샌디'라는 반려견은 사무실 냄새를 조금 맡더니 곧바로 의자 밑으로 숨어 버렸습니다. 제가 다가가서 인사를 하려고 하니 으르렁거리면서 다가오지 말라고 경고했습니다. 반려견이 이런 식으로 나올 땐 다가가지 않는 게 좋습니다. 그래서 저는 멀찌감치 떨어져서 보호자하고만 이야기를 나누었습니다. 그러면서 중간중간 의자 밑에 숨어 있는 샌디를 관찰했습니다. 샌디가 조금씩 평온을 되찾고 있다는 걸 눈치챈 저는 보호자에게 밖으로 나가자고 제안했습니다. 넓은 운동장에 도착해 줄을 풀어 주자 잠시 두리번거리던 샌디는 앞가슴을 내려서 '플레이 바우play bow, 앞가슴은 낮추고 엉덩이는 높게 올린 자세로, 상대에게 놀자고 표현하는 신호' 자세를 취하더니 곧바로 운동장 여기저기를 뛰어다니며 무척 즐거워했습니다. 그 어떤 명령도, 제지도 하지 않고 마음대로 하게 해 주자 샌디는 몇 차례나 소변과 대변을 보면서 즐겁게 뛰놀았습니다. 그 모습을 본 저는 곧 친해질 수 있겠다는 확신이 들었습니다. 이럴 때는 훈련을 여기서 멈추는 것이 좋습니다. 반려견을 교육할 때는 딱 한 단계만 성취하거나 한 가지만 배우게 하고 멈추는 것이 좋습니다. 아니, 꼭 그렇게 해야 합니다. 만일 훈련을 더 해야 한다면, 1시간 정도 충분히 휴식 시간을 갖고 나서 다시 교육을 시작하는 게 좋습니다. 반려견이 교육을 잘 받는다고 욕심을 부리게 되면 이제껏 재밌게 잘 배운 것도 부정적인 감정으로 인해 효과가 반감될 수 있습니다.

저는 줄을 잡고 샌디와 함께 센터 안을 걸어 다녔습니다. 처음에는 줄을 당기면서 벗어나려고 했지만 시간이 지나면서 점점 당기는 강도가 약해졌습니다. 이후 샌디는 저와 보호자의 보행에 신경을 쓰며 걷기 시작했습니다. 저는 손에 줄을 잡은 채로 그늘에 멈춰 서서 보호자와 다시 이야기를 나누었습니다.

그럼에도 개를 키우려는 당신에게

"아주 훌륭한 친구인데요? 사실 문제라고 할 만한 행동은 아직 못 본 것 같아요."

"근데 우리 동네에서는 왜 그러죠? 줄도 심하게 당기고, 다른 개만 보면 달려들고. 말리다가 물린 적도 있어요."

3번째 훈련을 할 때 샌디는 더 이상 아무런 문제 행동도 하지 않는 반려견이 되었습니다. 근데 훈련 센터에서만 그런다는 게 문제였습니다. 여전히 동네에서는 위험한 행동을 많이 한다는 보호자의 말에 저는 집에 한번 방문해 봐야겠다는 생각이 들었습니다. 이후 보호자가 사는 동네에 찾아가 훈련을 했는데, 이때도 샌디는 아무런 문제 행동을 보이지 않았습니다. 제가 줄을 잡은 채로 샌디와 아무런 문제 없이 산책을 하자 보호자는 너무 신기해했습니다. 산책 훈련을 마친 저는 마지막으로 샌디가 사는 곳을 보러 보호자의 집을 방문했습니다. 초등학생 딸이 있다는 집에 도착해 보니 그동안 무엇이 문제였는지 단박에 알게 되었습니다.

보호자는 넓은 오피스텔에 딸과 함께 살고 있었습니다. 동네에 산책로도 잘 되어 있고, 살고 있는 건물도 깨끗해서 13kg쯤 되어 보이는 샌디가 살기엔 아무런 문제도 없어 보였습니다. 하지만 막상 집 안에 들어가 보니 정리 정돈이 전혀 되어 있지 않았습니다. 현관에는 신발이 셀 수 없이 많았고, 집 안에는 물건들이 너저분하게 널려 있었습니다. 보호자는 물건들을 대강 치우는 척하면서 저를 식탁으로 안내했습니다. 식탁에서 상담을 이어가는 동안에도 저는 도무지 집중을 할 수가 없었습니다. 물건들만 너저분한 게 아니라 싱크대에도 씻지 않은 그릇들이 그득했고, 식탁에는 개 사료가 뒹굴고 있었습니다. 저는 농담인 척 말을 건넸습니다. "하하하, 아마도 청소 중이셨나 봐요…."

그동안 만났던 보호자들 중엔 우울증을 앓고 있는 분들도 꽤 있었습니다. 성향상 우울감을 잘 느끼지 못하는 저는 우울증을 앓고 있는 이들에게 공감하기가 쉽지 않습니다. 우울감이 어떤 것인지 몰라서라기보다, 제가 최대한 그런 감정을 밀어내고 어떻게든 극복해 내려는 성격을 가지고 있어서 그런 것 같습니다. 유독 반려동물을 키우는 분들 중에 우울증이나 공황장애를 호소하는 분들이 많이 계신데, 이런 분들에겐 미묘한 공통점이 있는 것 같습니다. 어쨌든 이런 분들과 상담하면서 제가 느낀 것은, 이런 경우일수록 반려견들을 위한 훈련 방법을 알려 주는 것보다는 오히려 보호자의 마음을 먼저 어루만져 주고 사람들과 어울릴 수 있게 도와주는 것이 결국 반려견에게까지 좋은 영향을 미친다는 거였습니다. 실

230

그럼에도 개를 키우려는 당신에게

제로 반려견에 대한 어떤 교육도 한 적이 없는데, 단지 보호자가 이전과 달리 자신감을 가지고 줄을 잡는 것만으로도 방금까지 다른 반려견에게 달려들던 개가 얌전해지는 걸 수도 없이 경험했습니다. 이런 모습을 처음 본 분들은 마치 마술이라도 보는 것처럼 신기해하지만, 그 이유를 알고 나면 누구라도 할 수 있는 아주 간단한 교육이라는 걸 깨닫게 됩니다.

반려견은 자신의 보호자를 좋아합니다. 단지 좋아하는 것을 넘어 보호자와 한 몸, 한마음이 되고 싶어 합니다. 그렇게 할 수 없다면 평생 보호자 옆에 살면서 도움이 될 수 있는 거라면 뭐든 해 주고 싶어 합니다. 진짜냐고요? 아침에 일어나자마자 반려견을 보세요. 뭘 하고 있나요? 아마 당신을 보고 있을 겁니다. 일어나자마자 화장실에 가시죠? 그때 반려견을 보세요. 뭘 하고 있나요? 아마도 당신을 보고 있을 겁니다. 씻고 옷을 입고 외출할 준비를 할 때는요? 이번에도 당신을 보고 있을 겁니다.

이렇게 반려견은 하루 종일 보호자만 쳐다보고 보호자 생각만 합니다. 반려견은 당신의 발걸음만 따라다니는 게 아닙니다. 당신의 마음 또한 하루 종일 따라다닙니다. 보호자가 기쁜지, 슬픈지, 아픈지, 걱정이 많은지 등등 당신의 모든 것을 알고 싶어 합니다. "오늘은 기분이 어때? 좋아? 진짜? 우와 나도 진짜 기분 좋았는데! 역시 우린 한 팀이야!" "오늘은 기분이 어때? 아, 오늘은 별로구나. 어쩐지 오늘은 나도 기분이 안 좋더라고. 왜 그런지는 모르겠지만⋯." 이렇게 말이죠.

그래서 저는 샌디의 보호자에게 조심스럽게 여쭤봤습니다. "혹시 반려견을 키우시게 된 이유가 있으세요?" 저는 그저 반려견을 키우게 된 계기를 물어본 것뿐인데, 그분은 자신이 앓고 있는 우울증에 대해 말하기 시작했습니다. 곧 사춘기에 접어들 딸에게 아빠가 우울한 모습만 자꾸 보여 주는 것 같아 미안했는데, 반려견을 키우면 이런 자신에게도 그리고 딸에게도 도움이 되지 않을까 하는 생각이 들었다고 합니다. 하지만 키우는 게 쉽지 않다고 하시면서, 자신의 감정적인 문제가 반려견한테까지 영향을 줄지는 몰랐다며 무척 가슴 아파하셨습니다.

그 얘기를 듣는 순간 저는 교육의 방향을 바꿔야겠다고 결심했습니다. 먼저 샌디와 비슷한 반려견들을 모아 그룹 수업을 만들었습니다. 10~15kg 정도의 체구에 소극적이지만 장난기는 많은 친구들을 모집했습니다. 10마리 정도가 모이자, 저는 이 녀석들을 넓은 운동장으로 데려간 다음 줄을 맨채 아무런 훈련도 하지 않고 그저 걸어만 다녔습니다. 줄을 조금 당기면 당기는 대로, 멈춰 서면 서는 대로 천천히 걸어

그럼에도 개를 키우려는 당신에게

다니게만 했습니다. 그러다 보면 꼭 대변을 보는 녀석이 나타납니다. 그럼 옆에 있던 녀석들이 그 모습을 이런 시선으로 바라봅니다. "와! 쟤 똥 싸네!" 몇몇은 다가와서 대변 냄새를 맡기도 합니다. 이때 꼭 못하게 하는 보호자들이 있습니다. 그럼 제가 잠시 개입합니다. "괜찮아요! 대변에는 정말 많은 정보가 들어 있어요. 먹지만 않으면 되니 충분히 냄새 맡게 해 주세요!" 제가 괜찮다고 하니 보호자들은 서로 이야기를 나누기 시작했습니다. 어른들인데도 똥 이야기는 여전히 재밌나 봅니다. 그곳에 모인 반려견들은 그렇게 서로 냄새를 맡기도 하고, 몇몇 쑥스러움을 많이 타는 녀석들은 몰래 숨어서 보기도 하면서 천천히 서로를 알아가기 시작했습니다.

어느 정도 시간이 흐르고 드디어 반려견들의 줄을 풀어 줄 시간이 다가오자, 샌디의 보호자는 이제껏 한 번도 다른 개들이 있는 곳에서 줄을 풀어 본 적이 없다며 걱정을 하기 시작했습니다. 저는 원하지 않으면 중간에 훈련을 멈춰도 되니 일단 샌디의 반응부터 지켜보자고 했습니다. 첫 번째로 줄을 풀어 준 반려견은 제일 소극적인 친구였습니다. 생각한 대로 그 친구는 줄이 풀렸는데도 보호자 곁을 떠나지 않았고, 그 모습을 본 사람들은 웃으면서 긴장한 반려견을 응원해 주었습니다. 재미있는 건 보호자도 자신의 반려견과 똑같이 잔뜩 긴장을 하고 있었다는 겁니다. 근데 사람들이 응원해 주니 보호자도 한결 마음이 풀리는 것 같았습니다. "이 녀석이 부끄러움이 좀 많아요. 아이고, 저를 닮았나 봐요."

두 번째로 줄을 풀어 준 친구도 무척 소극적이었습니다. 저는 운동장에서 많은 반려견들이 줄을 풀고 같이 놀 때, 무엇보다 줄을 푸는 순서를 중요하게 생각합니다. 물론 그때그때 다르지만, 그 자리에 소극적인 반려견이 있다면 저는 항상 제일 소극적인 반려견부터 줄을 풀어서 운동장에 적응할 수 있는 시간을 충분히 줍니다. 근데 이 두 번째 친구가 저를 좀 당황스럽게 만들었습니다. 분명 그곳에 있던 반려견들 중 두 번째로 소극적이라고 생각했는데, 줄을 푸니 완전히 다른 개가되어 버린 겁니다. 녀석은 줄이 풀리자마자 보호자를 한번 쳐다보고는 냅다 달리기 시작했습니다. 넓은 운동장을 이리저리 내달리는 모습이 얼마나 행복해 보이는지 보호자조차 깜짝 놀랐습니다. 그분은 녀석이 여태껏 이렇게 신나게 달리는 걸본 적이 없다면서, 그동안 반려견 운동장에 갔을 때도 테이블밑에만 숨어 있고 아무것도 하지 않았다고 했습니다.

이후 다른 반려견들의 줄을 차례차례 풀어 주었고, 마지막으로 드디어 샌디의 줄을 풀 차례가 왔습니다. 저는 샌디가적응을 잘할 거라는 걸 알고 있었습니다. 하지만 보호자는 여전히 걱정을 많이 하고 있었습니다. "샌디가 다른 개를 물면

그럼에도 개를 키우려는 당신에게

어떡하죠?" 그래서 저는 줄을 길게 한 상태로 다른 친구들을 만나게 해 보자고 제안했습니다. 그 과정에서도 샌디가 별 다른 문제 행동을 보이지 않자 저는 운동장 구석으로 간 다음 샌디의 줄을 풀어 주었습니다. 샌디는 이미 준비가 되었다는 듯이 신나게 내달리더니 나중에는 그곳에 있던 친구들을 이끌고 운동장을 몇 바퀴나 돌았습니다. 샌디의 보호자는 손으로 입을 감싸며 놀라워했고, 같이 왔던 딸도 신이 났는지 샌디 뒤를 따라 뛰어다녔습니다.

그날 운동장의 분위기는 정말 놀라움과 감동의 연속이었습니다. 그곳에 모인 반려견들은 평소에 한 번도 이렇게 놀아 보지 못했던 친구들이었기 때문입니다. 샌디가 행복해하는 모습을 본 보호자는 눈물까지 흘리면서 제게 인사를 했습니다. "항상 제가 못난 보호자인 것 같아 미안했는데, 샌디가 이렇게 친구들과 재밌게 뛰어노는 모습을 보니 조금은 빚을 갚은 것 같네요. 훈련사님, 감사합니다."

그 이후로도 그분은 그날 만났던 보호자들과 연락해 같이 산책도 하고 수업도 들으면서 점점 반려견과 함께 사는 삶에 즐거움을 느끼게 되었습니다. 샌디의 문제 행동 또한 당연히 좋아졌습니다. 하지만 그보다 더 놀라운 건 보호자가 우울감을 어느 정도 극복하고 자신감을 되찾은 일이었습니다. 함께 수업을 듣는 분 중에 같은 동네에 사는 분이 있어서 그분과 산책도 같이 다니게 되었다고 합니다. 샌디는요? 이제 짖지도 않고 반려견 친구까지 생겼다고 하네요.

　여기서 흥미로운 사실이 하나 있습니다. 간식을 이용해 앉고 엎드리는 동작 정도만 가르쳐 주었을 뿐, 제가 샌디에게 특별히 어떤 훈련을 시킨 건 하나도 없다는 겁니다. 제가 한 일은 그저 샌디의 보호자에게 용기를 드린 게 다입니다. "샌디 보호자님, 저기 앉아 계시는 보호자님 보이시죠? 저분은 저하고 처음 상담할 때 1시간 동안 우시기만 했어요. 지금은 뭐 하고 계시는 줄 아세요? 글쎄 훈련사 자격증을 준비하신데요! 하하하!"

　제가 한 거라곤 이렇게 비슷한 고민을 가지고 있는 보호자들을 모아서 서로 마음을 나누게 한 것뿐입니다. 근데 이 과정을 통해 보호자의 자신감이 올라가자 신기하게도 샌디의 문제 행동들은 자연스럽게 사라졌습니다. 이와 더불어 바뀐 게 하나 더 있습니다. 바로 샌디를 바라보는 보호자의 관점입니다. 사실 제가 보기에 샌디는 문제랄 게 없는 개였습니다. 예민하고 소극적인 것을 문제라고 판단하는 건 오로지 그 사람의 기준일 뿐입니다. 그러니 보호자의 시선이 바뀌는 순간 샌디의 문제점도 동시에 사라질 수밖에 없었습니다.

그때 저는 샌디와 보호자를 보면서 이런 생각을 했습니다. '앞으로 이 상태가 오래 유지됐으면 좋겠다.' 내 마음도 내가 어쩌지 못하는데, 다른 사람의 마음이 어떻게 변할지 예측하는 건 더 힘들 수밖에 없습니다. 제가 할 수 있는 거라곤 샌디의 보호자가 부디 지금의 마음 상태를 계속 유지해 나가길 바라는 것뿐이었습니다. 보호자가 자신감을 되찾는 데는 샌디의 역할이 무척 컸습니다. 샌디와 비슷한 반려견을 키우는 사람들과 교류하면서 즐겁고 행복한 시간을 보낼 수 있었기 때문입니다.

　　그런데 삶이 언제나 즐거울 수만은 없기에 시간이 지나고 나면 저희 센터에 다시 연락을 하는 분들도 종종 있습니다. 신기한 건 이때도 자신이 아니라 반려견한테 다시 문제가 생겼다고 말한다는 겁니다. 자녀 문제도 이와 비슷한 것 같습니다. 아이가 같은 행동을 해도 기분에 따라 부모의 반응이 달라지는 걸 우리는 쉽게 목격할 수 있습니다. 제가 반려견을 교육하는 것만큼이나 보호자 교육을 중요하게 생각하는 이유가 바로 이 때문입니다. 결국 보호자 교육에서 가장 중요한 건 보호자의 마음 상태입니다.

　　보호자가 먼저 행복해야 반려견도 행복할 수 있습니다.

왜 개를
벤치에 올리면 안 되나요?

⬟

"나는 처음 한국에 왔을 때 개들이 다 아픈지 알았어! 사람들이 안고 다녀서."

캐나다에 사는 지인이 한국에 왔습니다. 오랜만에 만나서 식사를 하게 되었는데, 제가 반려견 훈련사이다 보니 자연스럽게 반려견 이야기가 나왔습니다. 캐나다에서는 반려견이 줄을 메고 있든 풀고 있든 걷게 하는데, 한국에서는 유독 안고 다니는 사람들이 많다는 겁니다. 이야기를 듣던 저는 웃으면서 대답했습니다. "작으니까 그러죠. 캐나다에서는 대부분 큰 개를 키우는 데 반해, 저희는 작은 개들을 많이 키우니까요."

북미에서는 대부분 큰 개들을 많이 키웁니다. 소형견이

라고 해도 비글Beagle 정도의 크기고, 보통은 시베리안허스키 Siberian Husky 정도 되는 대형견이 많습니다. 그러니 안고 다니고 싶어도 그럴 수가 없는 거 아니겠냐고 얘기한 겁니다. 그랬더니 다시 이런 질문이 돌아왔습니다. "아니, 캐나다에서도 작은 개 많이 키워요. 그래도 안고 다니는 사람들은 별로 없어요. 맞다! 그리고 유모차가 엄청 많던데요? 개를 유모차에 싣고 나올 거면 도대체 산책을 왜 하는 거예요?"

10년 전, 일본에서 열린 '펫 박람회'에 간 적이 있습니다. 오사카에서 3일 동안 열린 행사였는데, 반려견 유모차의 종류가 엄청나게 많다는 것에 놀라고, 모든 개들이 유모차를 타고 있는 것에 다시 한 번 놀랐던 기억이 납니다. 행사 관계자에게 왜 개들이 유모차를 타고 있냐고 물어보니 규정이라고 했습니다. 아무리 반려동물 박람회라 해도 반려견이 실내에 들어올 때는 케이지 안에 있어야 한다는 것이 규정이었는데, 케이지를 대체하는 물건이 바로 유모차였던 겁니다. 그때 수많은 반려견 유모차를 보면서 우리나라도 과연 이런 날이 올까 싶었는데…, 아시다시피 이미 그런 상황입니다. 반려견을 키우는 가정이라면 한 개씩은 가지고 있다고 생각될 정도로 우리나라에도 반려견 유모차가 많이 보입니다. 방송 촬영 차 보호자의 집을 방문할 때면 아파트 복도에 반려견 유모차들이 즐비하게 놓여 있는 걸 쉽게 볼 수 있습니다.

솔직히 예전에 저는 왜 반려견을 유모차에 태우고 다니는지 이해를 잘 못했습니다. 일본에서 그런 광경을 보고도 그저 개를 약하게 키우는 사람들이 많다고만 생각했습니다. 그리고 한국에선 이런 일이 벌어지지 않기를 바랐던 기억이 납니다. 그런데 지금은 생각이 완전히 바뀌었습니다. 어머님이 살아 계실 때 몰티즈 두 마리를 키우셨는데, 제가 제일 좋은 반려견 유모차를 사 드린 적도 있습니다. 어머니는 몰티즈 두 마리를 유모차에 실은 다음 그 아래 공간에 작은 가방이나 짐을 넣은 채로 산책을 다니셨는데, 저는 그 모습이 무척 보기 좋았습니다. 유모차가 없었다면 두 마리 모두를 통제하는 게 어려운 나머지 어머니는 녀석들을 그냥 안고 다니셨을 겁니다. 평소에도 어머니는 7살, 9살 먹은 늙은 녀석들을 왜 다리 아프게 걷게 하냐면서 안고 다니셨기 때문입니다. 제가 아무리 반려견 훈련사여도 어머니를 교육하는 일은 결코 쉽지 않았습니다. 어쨌든 유모차를 사 드린 후에는 산책이 편해지셨는지 어머니는 반려견들과 더 자주 밖에 나가셨습니다.

* * *

제가 처음 개를 안고 다니는 것에 대해 관심을 가졌던 이유는 그런 행동이 반려견에게 어떤 식으로라도 영향을 미치지 않을까 하는 우려 때문이었습니다.

안아 주는 행동이 반려견을
오해하게 만들지는 않을까?

안아 주는 행위만으로 반려견의 행동이나 성격이 나빠지지는 않습니다. 하지만 대체로 개들은 습성상 누군가 자신을 안는 걸 좋아하지 않습니다. 이와 달리 인간들은 안거나 안기는 행위를 무척 좋아합니다. 이것은 취향의 차이가 아니라 타고난 본능의 차이입니다. 유인원들만 봐도 스킨십을 통해 서로의 감정을 이해하고 긴장을 풉니다. 침팬지들을 관찰해 보면 생각보다 훨씬 자주 서로 포옹하고 키스한다는 걸 알 수 있습니다. 하지만 개들에게 누군가를 안는다는 행위는 그 존재를 지배하려 든다는 의미입니다. 개들에게 안는다는 행위와 가장 비슷한 것은 '마운팅mounting, 동물이 무언가를 붙잡고 교미하는 듯한 행위를 하는 것'인데, 이를 짝짓기 시기와 같이 특정한 기간이 아닐 때 한다면 상대를 능욕하는 것으로 봐도 좋을 만큼 결코 우호적인 행동이 아닙니다.

사람들은 상대에게 호감을 표현할 때 안는 행동을 하지만, 개들은 안는 행위를 오히려 위협적으로 느낄 수도 있습니다. 그러니 모르는 개를 무턱대고 안으려 드는 건 매우 무례한 행동입니다. 그럼 반려견들은 좋아하는 보호자가 안아 주는 건 어떻게 생각할까요? 사실 개들은 안아 주는 것보다는, 서로 포개어 있거나 기대 있는 걸 더 좋아합니다. 보호자가 소파에 있을 때는 옆에 가서 몸을 기대고 싶어 하고, 의자에 앉아 있을 때는 무릎에 올라가고 싶어 합니다. 이때 보호자가 가볍게 손으로 만져 주면 반려견들은 더할 나위 없이 기분 좋게 휴식을 취합니다.

물론 소극적이거나 성격이 예민하지 않은 개들 중에는 보호자가 자신을 안을 때 순순히 받아들이는 녀석들도 있습니다. 특히 의존적인 성향이 강한 개들이라면 좋고 싫음의 문제를 떠나 보호자에게 안기는 것이 자신을 더 안전하게 지킬 수 있는 방법이라 여기고 이 행동을 더욱 강화해 나갈 수도 있습니다. 이때 문제가 되는 건 보호자 품에 안겨 있을 때 경계심이 높아지는 경우입니다. 소극적인 개들은 보호자에게 안겨 있을 때 평소보다 주변에 대한 경계심이 높아져서 옆에 있는 사람들을 향해 짖거나 이빨을 보이며 으르렁거리는 행동을 하기도 합니다.

또한 안아 주는 행동은 소심한 반려견들의 의존성을 더욱 강화시키는 결과를 낳기도 합니다. 만약 보호자가 현재 반려견의 짖음이나 분리 불안, 타인을 향한 공격성 등으로 문제를 겪고 있다면 당장 안아 주는 행동을 멈춰야 합니다. 보호자가 안아 주는 것만으로도 더 의존적인 개가 될 수 있다는 걸, 불편함을 이겨 내기보다는 보호자한테 짜증을 내고 응석을 부려서 보호자 품으로 회피하려는 성향이 더욱더 심해질 수 있다는 걸 알아야 합니다. 그럼에도 계속 안아 주고 무릎에 올려 주면 다른 문제 행동들과 연결되어 상황이 더 나빠질 수도 있습니다.

언젠가 TV에서 유럽에 사는 한 모녀를 본 적이 있습니다. 길거리에서 안아 달라고 떼쓰는 어린 딸에게 엄마가 "너는 혼자 걸을 수 있어!"라고 말하는 장면이 무척이나 인상적이었습니다. 그냥 안아 주는 게 더 간단할 텐데, 그 어머니는 실랑이를 벌이면서 끝까지 아이의 요구를 들어주지 않고 걷게 했습니다. 유럽 사람들은 이런 규칙을 개를 키울 때도 그대로 적용합니다. 확실히 우리나라와는 문화가 조금 다른 것 같습니다. 반려견을 키우고 있는 분들이라면 앞으로 만지거나 안고 싶어도 조금 참고, 꼭 필요할 때만 서로의 몸을 기대면서 지내면 좋겠습니다. 무조건 예뻐해 주고 싶은 마음을 잘 숨기고 올바른 보호자로서 행동할 때 우리들의 반려견은 멋진 '시민견'에 한 발자국 더 가까이 다가갈 수 있을 겁니다.

시민견으로서 옳은 행동인가?

한번은 공원에서 산책하는 도중 자전거를 길에 눕혀 놓은 채 벤치에 앉아 쉬고 있는 사람들을 본 적이 있습니다. 나란히 누워 있는 자전거 2대는 공원 산책로를 상당 부분 차지하고 있었습니다. 상황이 그러니 저를 포함해 많은 사람들이 자전거를 피해 불편하게 지나다닐 수밖에 없었습니다. 그 사람들을 보며 저는 이런 생각이 들었습니다. '공원에서 길을 막은 채 자신들은 저렇게 편하게 쉬고 있다니 대체 어떤 사람들일까? 좁지만 사람들이 지나다닐 수는 있으니 괜찮다고 생각하는 걸까?' 결국 그 사람들에겐 아무 말도 하지 못했지만, 이 상황이 불편한 게 정말 나 하나뿐인 건지 의심이 들었습니다. 하지만 '저 사람들도 무슨 사정이 있겠지.'라고 생각하며 그냥 넘어갔습니다. 얼마 후 그 사람들을 공원에서 다시 마주쳤습니다. 근데 이번에도 산책로에 자전거를 눕혀 놓은 채 쉬고 있었습니다. 사정이 있던 게 아니라 그저 아무 생각이 없는 사람들이었던 겁니다.

공원 벤치나 사람들이 앉는 의자에 반려견을 올려놓는 보호자들이 있습니다(사실 이 주제에 대해서는 글을 쓰지 않는 게 더 나을지도 모릅니다). 우리나라에는 체구가 작은 견종을 키우는 분들이 많아서 그런지 공원 벤치나 쇼핑몰의 의자에 반려견을 앉히는 경우가 많습니다. 실제로 이걸 문제로 느끼는 사람들보다는 이런 지적을 하는 저를 이상하게 보는 사람들이 더 많은 것 같습니다. 어린아이가 공원 벤치에 올라가면 대부분의 부모는 내려오라고 합니다. 어린아이가 공원 벤치에 올라가서 놀고 있을 때 신발은 벗고 올라가라고 말하는 부모는 거의 없을 거라 생각합니다. 신발이 더러워서 올라가지 말라는 게 아니라, 사람들이 앉는 의자에 올라서는 것 자체가 예의에 어긋나기에 그렇게 가르치는 게 아닐까 싶습니다.

그런데 이게 반려견에게는 적용되지 않나 봅니다. 몇 년 전 공원 벤치에 반려견을 올리지 말라고 SNS에 글을 남긴 적이 있습니다. 당시 저는 엄청난 비난 댓글들을 보고 정말 충격을 받았습니다. 그 경험을 통해 저는 대중의 눈높이에 대한 이해가 부족하다는 생각을 하게 됐습니다. 하지만 저는 지금도 벤치에 개를 앉히면 안 된다고 생각합니다. 물론 사정이 있을 수도 있습니다. 나이가 너무 많거나 반대로 너무 어려서 바닥에 내려놓지 못할 수도 있습니다. 혹은 사진을 찍기 위해 잠시 의자에 올려놓을 수도 있습니다. 우리도 단체 사진을 찍거나 할 경우 뒷줄에 있는 사람들이 의자에 올라서는 경우가 있으니까요. 하지만 이런 예외적인 경우가 아니라면, 사람들이 앉는 의자에 반려견을 올려놓는 건 예의에 어긋나는 일입니다. 그럼에도 여전히 자신의 반려견을 끔찍이 여기는 사람들은 이런 이야기를 듣고 싶어 하지 않는 것 같습니다.

　개가 인간보다 열등한 존재이기 때문에 의자에 앉히면 안된다는 얘기가 아닙니다. 다른 시각에서 말하자면, 반려견을 꼭 옆에 앉혀 두지 않아도 괜찮습니다. 항상 보호자 옆에 앉고 싶어 하는 개가 있다면 습관 때문일 가능성이 높기 때문입니다. 좀 더 정확히 말하면, 항상 개를 안고 다니거나 옆에 앉혀 두던 보호자의 습관 때문입니다. 결국 반려견을 의자에 앉히려는 건 반려견보다는 보호자의 욕구에서 비롯된 겁니다.
　어떤 사람들은 이렇게 말하기도 합니다. "새도 벤치에 날아와서 잠깐 쉬었다 가고, 다람쥐도 벤치에 와서 쉴 수 있는데, 왜 개는 의자에 앉으면 안 되나요?" 만일 새와 다람쥐가 벤치에 앉아 쉬고 있다면 저는 얼마든지 벤치를 양보할 마음이 있습니다. 인간이 그들이 살아갈 공간을 빼앗고 그곳에 공원을 지었기 때문입니다. 하지만 개라는 동물은 야생동물과는 위치가 다릅니다. 반려견들은 오래전부터 인간과 함께 살아왔으며, 인간이 다른 동물들을 모두 제압하고 지금의 자리에 오를 수 있도록, 소나 돼지 같은 동물들을 가축으로 만들 수 있도록 도왔습니다. 그리고 현대에 이르러서는 여타의 동물과는 다르게 '반려동물'이라는 이름으로 불리며 우리 사회의 구성원이 되었습니다. 그러니 반려견들도 인간들이 만들어 놓은 규칙을 배우고 지켜야 할 의무가 있습니다. 어린아이들이 공원의 벤치에 올라가서 노는 것이 예의에 어긋난다면 이 규칙은 반려견에게도 똑같이 적용되어야 하는 겁니다.

앞으로 모든 반려견은 공동체의 일원으로서 어떻게 행동해야 하는지 배워야 합니다. 내가 키우는 동물이 '개'가 될지 '반려견'이 될지는 여러분에게 달려 있습니다.

훈련만으로는
되지 않는 일들

분당에는 반려견과 산책하기 좋은 공원들이 많습니다. 반려견과 산책하기 좋은 공원이란 반려견을 위한 시설이 잘 갖춰진 곳을 말하는 게 아닙니다. 반려견이 있어도 신경 쓰지 않는 사람들이 많은 곳이 바로 반려견과 산책하기 좋은 공원입니다. 반려견 운동장 같이 아무리 좋은 시설이 있더라도 공원을 이용하는 사람들이 반려견이 있는 것 자체에 신경을 많이 쓴다면 그곳은 반려견과 산책하기 좋은 곳이라 할 수 없습니다. 이태원이나 남산에 가면 반려견과 편하게 산책하는 사람들을 많이 보게 됩니다. 별다른 이유가 있는 게 아니라 반려견과 같이 다녀도 아무도 신경을 쓰지 않기 때문입니다. 예쁘다고 하지 않으면 됩니다. 만져도 되냐고 질문하지 않으면 됩

그럼에도 개를 키우려는 당신에게

니다. 얼마 주고 샀냐고 물어보지 않으면 됩니다. 소리 지르면서 도망가거나, 찡그리면서 지나가거나, 지나친 뒤 험담만하지 않으면 됩니다. 눈이 마주쳤을 때 살짝 웃어 주는 정도면 충분합니다.

한번은 분당에 있는 공원에서 산책을 하다가 잠깐 쉬고있었습니다. 옆 벤치에 한 아주머니가 앉아 계셨는데, 그 옆에 아주머니 곁에 앉겠다고 떼를 쓰고 있는 푸들 한 마리가보였습니다. 그분은 계속 만류하면서 허리를 숙인 채 푸들을만져 주고 있었습니다. "올라오면 안 돼, 거기 앉아 있자." 푸들은 털 빛깔이 희끗희끗하고 허리도 살짝 굽은 걸로 보아 나이가 꽤 들어 보였습니다. '그냥 안아 줘도 될 것 같은데, 왜거절하실까? 교육 중이신가?' 저는 속으로 이런 의문이 들어그분에게 말을 걸게 되었습니다.

"안녕하세요. 푸들이 안기고 싶어 하는 것 같은데 왜 거절하시는 건가요? 혹시 교육 중이세요?"
"어! 강 훈련사님? 반가워요. 제가 안고 있으면 자꾸 사람들한테 짖어서 그 습관을 고치려고 연습하고 있어요. 방문하신반려견 훈련사님이 안아 주지 말라고 해서요."
"그러시군요. 내려놓으면 안 짖나요?"

"네, 내려놓으면 짖지 않아요. 그런데 아직도 산책하는 내내 안아 달라고 조르네요."

"좋은 훈련사님을 만나신 것 같네요. 한동안은 힘들어도 그렇게 하시는 게 좋을 것 같아요. 그 친구는 몇 살이에요?"

"11살이에요."

"아이고, 할머니네요! 쟤도 고생이 많겠어요. 평생 안겨 살았을 텐데. 그런데 보통 이렇게 나이가 많으면 그냥 하던 대로 하면서 사시던데 갑자기 교육을 시작하게 된 이유라도 있으세요?"

"손주가 태어났는데, 이 녀석이 너무 짖으니까 며느리한테 애 데리고 오라고도 못하고, 미안하기도 하고 그래서요."

"아, 그럼 켄넬 연습도 해야겠네요."

"맞아요. 그 훈련사님도 똑같이 말씀하셨어요."

그 나이 먹도록 평생 엄마 품에 안겨 살아왔는데 이제 와서 갑자기 안아 주지 않으니 푸들 친구도 무척이나 난감했을 겁니다. 지금까지는 짖어도 아무도 뭐라 하지 않았는데, 아기가 태어나자 갑자기 날벼락을 맞게 된 겁니다. 손주가 집에 오면 남편분이 푸들을 데리고 밖으로 도망을 가야 해서, 손주를 못 보는 남편분은 피눈물을 흘리신다고 합니다.

그런데 무릎에 올리거나 안아 주어도 괜찮은 개들이 있

그럼에도 개를 키우려는 당신에게

습니다. 그런 상태로 있어도 주변 사람들을 위협하지 않는다면 아무런 문제가 되지 않습니다. 바닥에 내려놓아도 얌전히 있고, 안겨 있어도 주변 사람들을 위협하지 않으며, 유모차에 태워도 다른 사람과 동물 들에게 친절하다면 어떻게 해 주어도 문제가 되지 않습니다.

예전에 세미나에 참가하기 위해 유럽에 다녀온 적이 있습니다. 20대 때는 해외에 나가 세미나를 들으면 마치 내가 대단한 사람이라도 된 것 같은 기분이 들어서 무척 좋았습니다. 영어도 잘 못하는 주제에 무슨 대단한 일이라도 하는 것처럼 외국인들하고 같이 찍은 사진을 SNS에 올리면서 우쭐해하기도 했습니다.

어느 순간 이런 것들도 좀 시들해질 무렵, 굉장히 인상적인 장면을 목격하게 되었습니다. 네덜란드였던 것으로 기억하는데, 그날 저는 커피를 마시러 아침부터 카페에 앉아 있었습니다. 창가 자리라 밖에 앉아 있는 손님들도 훤히 내다보였는데, 그중에는 프렌치불도그를 데리고 온 여성도 있었습니다. 겨울이고 아직 이른 아침이라 날씨는 꽤나 추웠습니다. 그럼에도 그 여성은 야외 테이블에 앉은 채 커피를 주문했습니다. '개가 있어서 밖에 앉나 보네. 추울 텐데, 담요를 달라고 하겠지?' 저는 계속 세미나에 갈까 말까 갈등을 하며 그 여성을 지켜보았습니다.

저는 그녀가 담요를 2장 부탁할 거라 생각했습니다. 하나는 자신이 덮고, 하나는 반려견을 위해 바닥에 깔아 줄 거라 생각했던 겁니다. 하지만 잠시 후 저는 그녀의 행동을 보고 깜짝 놀랐습니다. 종업원에게 담요를 부탁하기도 전에 그녀는 자신의 외투를 벗어서 바닥에 깔았습니다. 그러자 옆에 있던 불도그가 그 위에 올라갔습니다. 잠시 후 종업원이 다가오자 그제야 그녀는 담요를 부탁했습니다. 종업원이 담요를 2장 가져왔을 때도 그녀는 하나를 돌려주려고 했습니다. 종업원은 괜찮다는 손짓을 하며 담요 2장을 모두 그녀에게 주고 돌아갔습니다.

저는 그 여성이 자신의 외투를 벗어 반려견에게 깔아 줄 거라고는 진짜 상상도 하지 못했습니다. 그 순간 저는 세미나에 가지 않기를 정말 잘했다는 생각이 들었습니다. 세미나에 갔다면 물론 좋은 내용을 듣고 배우긴 했겠지만, 이렇게 반려견과 함께 살아가는 지혜를 생생하게 보고 깨닫지는 못했을 겁니다. 그녀가 외투를 벗어 바닥에 까는 걸 본 순간 저는 심장이 미친 듯이 뛰었습니다. '그래, 바로 이 장면을 보려고 내가 여기까지 온 거야!'

그녀는 종업원에게 밖이 추워서 그런데 개를 데리고 카

그럼에도 개를 키우려는 당신에게

페 안에 들어갈 수 없냐고 물어보지 않았습니다. 개를 안은 채 밖이 너무 춥다며 불만을 쏟아 내지도 않았습니다. 어떻게 든 따뜻하게 있어 보려고 종업원에게 온갖 요구를 하지도 않았습니다. 오히려 담요를 넉넉히 주려는 종업원을 향해 괜찮다며 사양했습니다.

'아니 어떻게 저럴 수 있지? 어쩜 이렇게 아름답지? 개는 보호자가 벗어 준 외투 위에 따뜻하게 누워 있고, 보호자는 자신의 담요만을 부탁하고, 종업원은 담요가 더 필요하지 않냐고 물어보고, 보호자는 다시 그걸 정중히 거절하고⋯. 이곳에선 반려견을 향해 앉아라, 기다려라, 이런 명령 없이도 얼마든지 반려견을 잘 키울 수 있잖아. 그럼 나는 지금까지 뭘한 거지? 그동안 내가 정말 개와 사람들 사이를 잘 연결해 주고 있었던 게 맞나?

그런데 나는 이런 생각과 행동이 어떻게 가능한지 아직도 잘모르겠어. 내게도 그녀처럼 추운 겨울에 반려견과 야외 테이블에 앉아 커피를 마실 여유가 있을까? 그런 상황에서 나는과연 내 외투를 벗어 반려견에게 깔아 줄 수 있을까? 종업원에게 카페 안에 손님도 별로 없는데 안으로 들어가면 안 되냐고 묻지 않을 수 있을까? 그러면 안 된다는 걸 당연히 알지만, 그래도 한 번쯤 물어보고 싶어 하는 한국식 생각을 정말 안 할 수 있을까? 종업원이 담요를 넉넉하게 챙겨 줄 때 감사하지만 괜찮다면서 사양할 수 있을까? 대체 저런 건 어디서 배워야 하는 거지? 어떤 세미나에서 저런 걸 가르쳐 주는 거야? 젠장, 저들이 한 행동 중에는 반려견 훈련과 관련된 건 하나도 없잖아!"

반려견 훈련사로 사는 동안 제가 가지고 있던 생각들을 송두리째 흔들어 놓은 몇 개의 사건들이 있었지만, 이날의 경험은 그중에서도 단연코 가장 인상적이었습니다. 반려견이 특정 동작을 하게끔 만드는 훈련 기술이 반려견을 잘 키울 수 있는 유일한 방법이 아니라는 걸, 훈련만으로는 되지 않는 일들이 있다는 걸, 저는 이날의 경험을 통해 통렬하게 깨달았습니다.

반려견을
자식으로 생각하는 분들께

저에게는 초등학생 아들이 하나 있습니다. 웬만한 건 스스로 할 수 있는 나이가 됐지요. 이제 만으로 6살인데, 얼마 전 뜬 금없이 이런 생각이 들었습니다. '아들과 한집에서 같이 살 날이 얼마나 남은 거지?' 이런 생각을 했던 건 제가 중학교를 졸업하기도 전에 집을 나왔기 때문입니다. 제가 반려견 훈련 사가 되겠다고 집을 나온 게 만으로 14살 때 일이니, 제 아들 주운이가 저처럼 하고 싶은 게 있다며 그 나이에 집을 떠난다 면 이제 같이 살 날이 8년밖에 남지 않았다는 생각이 들었던 겁니다. 이런 생각을 하니 기분이 이상했습니다. 물론 절대 허락하지는 않겠지만 말입니다.

그럼에도 개를 키우려는 당신에게

제가 살면서 경험한 것들을 제 아들이 똑같이 경험한다고 생각하면, 가슴이 아픕니다. 이 글을 쓰는 지금도 그때 그 어린 형욱이를 생각하면 마음이 이상해지곤 합니다. 가진 거라곤 몸뚱이밖에 없던 빡빡머리 소년. 잔뜩 겁에 질린 채 사람들 눈치를 살피던 깡마른 아이. 어른들이 자기에게 하는 소리를 놓칠까 봐 항상 긴장하고 지내던 그 친구를 생각하면 지금도 이렇게 마음이 저린데, 제 아들이 이런 경험을 할 수도 있다고 생각하니 가슴 한구석이 먹먹해집니다.

물론 제가 좋아하는 일이었고 선택도 스스로 했지만, 반려견 훈련소 생활은 어린 저에게 무척이나 힘에 부쳤습니다. 그때 가장 힘들었던 건 힘들다고 말할 수 있는 사람이 없는 거였습니다. 또, 속상한 일로 기분이 상했을 때 다시 기운을 차리려면 어떻게 해야 하는지 몰라 너무 괴로웠습니다.

아들을 키우면서 아빠로서 제가 해 줄 수 있는 게 뭐가 있을까 생각해 봅니다. 감사히 음식을 먹는 태도와 고마움을 느꼈을 때 그 마음을 상대방에게 잘 전달하는 방법을 배우게 하고 싶습니다. 긴 인생길에 잠시 길을 잃더라도 당황하거나 겁먹지 않고 새로운 길을 찾아 나서는 용기를 알려 주고 싶습니다. 남의 실수에 관대하고, 나의 것을 양보하고, 상대를 진심으로 축하해 줄 수 있는 마음에 대해 이야기해 주고 싶습니다.

내가 키우는 건 개일까? 반려견일까?

그런데 제겐 이 일들이 그렇게 쉽지만은 않습니다. 저는 항상 음식을 허겁지겁 먹은 다음 도망치듯 식당을 빠져나오곤 했습니다. 어릴 적 동생과 식당에 가서 테이블 위에 돈을 올려 두고 음식을 먹었던 기억도 납니다. 식당 주인이 우리를 돈도 없이 음식을 먹는 아이들로 오해할까 봐 그랬습니다. 살면서 길을 잃을 때면 매번 당황했고, 주변 사람들에게 관대하기는커녕 화를 내거나 탓한 적도 많습니다. 남의 실수 앞에 너그럽지 않았고, 내 것을 지키려고 잔머리를 굴리며 야비하게 굴었던 적도 있습니다.

마음의 여유를 가지고 산다는 건 여전히 제게 힘들고 어색한 일입니다. 하지만, 노력해서라도 꼭 변하고 싶습니다. 타인에게 미소를 지으며 다정하게 말하는 사람이 되고 싶습니다. 늘 친절한 태도를 유지하며, 당황스러운 일이 생기더라도 상대를 탓하기보다 그럴 수도 있다고 여유롭게 말할 수 있는 사람이 되고 싶습니다. 아침마다 아내에게 상냥하게 인사를 건네는 남편이 되고 싶고, 머물렀던 자리를 깨끗이 정리하는 사람이 되고 싶습니다. 어려운 사람을 보면 도와주고, 힘없고 약한 동물들을 보살펴 주는 사람이 되고 싶습니다. 왜냐하면, 제 아들에게 그런 아빠 밑에서 자랄 기회를 주고 싶기 때문입니다. 물론 아이에게 건강하고 올바른 삶의 태도를 알려 주기 위해선 제가 먼저 그런 사람이 되어야 한다는 것도 잘 알고 있습니다. 진정한 가르침은 말로 이래라저래라 하는 게 아니라 행동으로 직접 보여 주어야 한다는 것도 잘 알고 있습니다. 아이에게 식사를 한 후 사용한 의자는 제자리에 넣어 두어야 한다는 걸 가르치고 싶다면 제가 먼저 그렇게 행동하면 됩니다. 좋은 행동은 들어서 익히는 게 아니라 보고 따라 하는 겁니다. 무엇보다 일상의 경험이 중요합니다.

저는 언제부턴가 제가 키우고 있는 반려견들에게 "앉아!" 또는 "엎드려!"라는 명령을 하지 않고 있습니다. 먹이를 이용해 반려견에게 앉는 동작을 가르치는 건 너무도 쉬운 일입니다. 먹이 든 손을 조금만 들어 올리면 대부분의 반려견들은 자연스럽게 그 자리에 앉는 행동을 선택하기 때문입니다. 그 순간 반려견에게 간식을 주는 훈련을 반복하면 금세 그 동작을 익히게 됩니다. 하지만 스스로 앉을 때까지 기다렸다가 마침내 반려견이 앉았을 때 칭찬을 듬뿍 해 주며 간식을 주는 방식으로 '앉아'라는 행동을 경험하게 할 수도 있습니다. 이렇게 명령을 듣고 수행하는 것이 아니라, 반려견 스스로 특별한 행동을 선택하여 경험하고 그때마다 보호자로부터 칭찬과 간식이라는 긍정적인 보상을 받게 되면, 그 행동은 즐거운 경험으로 각인되고 반복할 가능성 또한 높아집니다.

내가 키우는 건 개일까? 반려견일까?

여기서 중요한 건 명령을 하지 않는다는 겁니다. 그냥 기다리는 거죠. 성격이 급한 보호자들은 한 가지 명령을 계속 반복합니다. "앉아! 앉아! 앉아! 앉으라고!" 이렇게 큰 목소리로 반복되는 명령을 반려견은 어떻게 받아들일까요? 제가 "주운아, 밥 먹기 전에 손 씻어! 얼른 화장실에 가서 닦고 와!"라고 하는 것과, "주운아, 아빠랑 같이 화장실 가서 손 닦을까?"라고 하는 것이 과연 똑같을까요?

저는 책상에서 컴퓨터 작업을 할 때 반려견들을 데려다 옆에 둡니다. 처음에는 그냥 자유롭게 뭐든 할 수 있게 한 후, 30~40분 정도 지나면 '날라'와 '매직'은 켄넬에 들어가 쉬게 하고, '대거'는 리드줄을 맨 채 제 책상에 묶어 둡니다. 그럼 대거는 줄을 맨 채 책상 옆에 엎드리고, 저는 책상에 앉아 계속 컴퓨터 작업을 합니다. 중간중간 한두 번씩 만져도 주고 말을 걸기도 하지만 대부분의 시간을 대거는 책상 옆에 가만히 엎드려 있습니다. 물론 대거가 중간에 잠깐 일어날 때도 있지만 저는 무시하고 제 할 일을 합니다. 그러다 대거가 다시 엎드리면 저는 모니터 옆에 있던 간식을 하나 줍니다. 간식을 얻어먹은 대거는 눈이 초롱초롱해져서 더 달라고 애교를 부립니다. 하지만 저는 철저히 무시합니다. 그러면 대거는 곧 포기하고 다시 제자리에 엎드립니다. 그때 다시 간식을 하나 줍니다. 반복을 통해 이 패턴을 익힌 대거는 이제 책상에 묶어 두면 가만히 엎드려 있습니다.

그렇게 1시간쯤 지나면, 대거, 날라, 매직 모두를 데리고 마당에 나가 물도 마시고 소변도 보게 합니다. 그리곤 다시 책상이 있는 서재로 돌아와 아까 책상 옆에 묶어 두었던 대거는 켄넬에 들어가 쉬게 하고, 이번에는 매직이를 제 책상 옆으로 데리고 와서 묶어 둡니다. 제가 컴퓨터 작업을 모두 마칠 때까지 이 동작을 반복합니다. 물론, 이 세 친구를 서재에 맘껏 풀어 둘 때도 있습니다. 아니, 그렇게 자유롭게 둘 때가 훨씬 더 많습니다. 그럴 때면 다들 어슬렁거리다 그냥 아무 데나 누워서 쉽니다. 하지만 켄넬에 들어가 있게 하거나 줄을 맨 채 제 옆에 엎드려 있게 하는 이런 '집 안 산책'도 꾸준히 연습합니다.

일상생활에서 이런 습관을 들이면 실제 산책을 할 때 재밌는 광경을 목격하게 됩니다. 산책을 하다 제가 벤치에 앉으면 굳이 "앉아!" 혹은 "엎드려!"라고 따로 명령하지 않아도 녀석들은 제 옆에 가만히 엎드립니다. 여기서 제가 신경을 쓰는 건 반려견을 어디에 엎드리게 하느냐입니다. 공원에는 벤치도 많고 지나다니는 사람도 많습니다. 제가 벤치에 앉아 있으면 사람들은 별다른 신경을 쓰지 않고 무심히 제 앞을 지나갑니다. 이때 제 반려견이 저랑 좀 멀리 떨어진 곳에 앉는다면 제가 잡고 있던 줄이 사람들의 보행을 방해할 수도 있습니다. 물론 사람들이 줄을 피해 돌아갈 수도 있지만 그렇게 되면 저는 공공장소에서 너무 많은 공간을 차지함으로써 사람들에게 피해를 끼치게 됩니다. 그러니 공공장소에서는 반려견이 보호자 근처에 앉아 있을 수 있도록 연습을 하는 게 좋습니다. 이건 승객이 별로 없는 버스에서는 빈 자리에 가방이나 옷가지들을 올려 두기도 하지만, 만원 버스에서는 그런 행동을 하지 않는 것과 똑같은 이치입니다. 공공장소에서 사람들이 예의를 지키듯, 반려견들도 예의를 지킬 수 있게 교육시켜야 합니다.

* * *

반려견은 보호자를 닮습니다. 보호자가 평소 어떤 태도를 가지고 있느냐에 따라 반려견의 생각과 기분 그리고 행동에까지 영향을 미칩니다. 대부분의 보호자들은 자신의 반려견이 침착하게 행동하길 바랍니다. 하지만 시간에 쫓기는 세상이라 그런지 반려견과 산책을 하거나 운동을 할 때도 바쁜 걸음을 치는 사람이 많습니다. 그러면서도 자신의 반려견만은 침착하게 행동하길 바랍니다.

반려견 교육에 관심이 많은 보호자 중에도 시간이 없다는 핑계로 교육 내용을 압축해서 받고 싶어 하는 경우가 종종 있습니다. 그런 분들에게 저는 반려견 교육이 어떤 것인지 자세히 설명하면서 어쩌면 지금부터 받는 교육이 실망스러울 수도 있다고 미리 경고를 합니다.

"반려견에게 '앉아'를 가르친다는 건 '내가 이렇게 말하면 이런 동작을 의미하는 거야. 우리 이 놀이를 같이해 볼까?'라는 의미예요. 다시 말해, 각자가 사용하고 있는 언어를 함께 맞춰 보는 거죠. 이렇게 서로의 언어를 맞춰 나가다 보면, 보호자는 특정 상황에서 반려견이 어떤 말을 할지 유추할 수 있게 되고, 반려견도 특정 상황에서 보호자가 어떤 동작을 해 주길 원하는지 감을 잡을 수 있게 돼요. 이런 과정을 반복하다 보면 각자 다른 종이긴 하지만 서로 언어가 통하는 순간이 와요. 이게 바로 제가 생각하는 반려견 교육이에요.
여기에서 중요한 것은 이 과정을 누가 조율할 것인가예요. 다행히도 대부분의 반려견들은 보호자가 리더가 되어 사람의 언어를 중심으로 조율해도 전혀 신경 쓰지 않거나, 오히려 그러길 바라기도 해요. 하지만 모든 반려견이 그렇지는 않아서 어떤 개들은 누가 대장이 되느냐가 몹시 중요하기도 하고, 심지어 자신이 생각할 때 저 사람의 언어에 모든 걸 맞췄다가는 우리 모두 죽는 거 아니냐고 의심하는 경우도 있어요.

그럼에도 모든 개들에게는 공통점이 있는데, 그건 훌륭한 보호자 또는 자신이 의지할 만한 대장을 원한다는 거예요. 그리고 훌륭한 보호자나 믿음직한 대장은 반려견을 훈련하는 것만으로 되는 게 아니라, 평소 생활에서 만들어지는 거예요. 그래서 보호자는 항상 자신이 무리를 지키고 이끄는 대장 역할을 맡았다고 생각하면서 반려견을 키우셔야 해요."

제가 이렇게 말씀드리면 대부분의 보호자들은 "아니 훈련사님, 개 한 마리 키우기가 너무 힘드네요!" 이런 반응을 보입니다. 그럼 저는 이렇게 대꾸합니다. "반려견이 자식 같다면서요? 그럼 자식처럼 정성껏 키워야지 개처럼 키우려고 하셨어요?"

농담이 아니라 저는 정말 반려견을 자식처럼 키워야 한다고 모든 보호자들께 말합니다. 예뻐만 할 것이 아니라, 혼만 낼 것이 아니라, 반려견에게 잘 사는 방법이 무엇인지 가르쳐 주고, 행복한 삶을 함께 영위하며, 평소 침착한 태도를 보여 주어야 한다고 말입니다. 이것이야말로 진정 반려견을 자식처럼 생각하는 사람들이 해야 할 일입니다.

반려견에게 동작을 가르치는 일은 어렵지 않습니다. 간

그럼에도 개를 키우려는 당신에게

식이나 장난감 등을 이용하면 몇 분 안에 가르칠 수 있습니다. 그런데 반려견이 내 옆에 앉게 만들려면 일방적으로 가르치고 명령하는 것보다는, 내가 먼저 반려견이 다가와 옆에 앉고 싶은 보호자가 되어야 합니다.

아이를 키울 때 최종 목표는 자립할 수 있게 돕는 것입니다. 자녀가 평생 자신에게 의지하며 살아가길 원하는 부모는 없습니다. 모두들 자녀가 성인이 되고, 직업을 갖고, 건강한 인간관계를 맺으며 즐겁게 인생을 살길 바랍니다. 근데 이 목표를 이루기 위해선 부모부터 그런 삶을 살아야 합니다. 부모가 먼저 건강하고 올바르게 살아가는 모습을 아이에게 보여 주어야 하는 겁니다. 반려견은 독립하지 않고 평생 곁에서 살아갈 테니 괜찮다고요? 하지만 반려견을 자식처럼 생각한다고 하지 않았나요? 그럼 자녀에게 하는 것과 똑같이 대해야 합니다. 보호자로서 나부터 올바른 태도를 견지하고 건강하게 삶을 살아가는 모습을 반려견에게 보여 주어야 하는 것입니다.

자식 같다는 말은 아마도 반려견을 그만큼 사랑하고 소중하게 여긴다는 표현일 겁니다. 그러니 반려견을 잘 키우고 싶다면 진짜 자식에게 하는 것처럼 하면 됩니다. 모든 걸 다 해 주는 보호자가 아니라, 아무것도 못 하게 하는 보호자가 아니라, 힘들어도 걸어야 한다는 걸 알려 주고, 때로는 안아 줄 수 없다는 것도 가르쳐 주고, 때로는 집에 혼자 있어야 한다는 것도 깨닫게 해 주는 그런 보호자가 되어야 합니다.

사회성이 없는 반려견들을 보면 물론 유전적인 요인도 있지만, 대부분은 부족함이 없이 살아서 간절한 게 없고, 뭐든지 하고 싶은 대로만 해서 예의 바르게 요청하는 법을 배우지 못한 경우가 많습니다. 예의 바르게 부탁하는 법을 배우지 못한 반려견들은 다른 개나 사람 들을 어떻게 대해야 하는지, 어떻게 사귀어야 하는지 알지 못합니다.

지금 함께 살고 있는 반려견이 너무 사랑스러우시죠? 그래서 반려견에게 좋은 보호자가 되고 싶으시죠? 그럼 지금 당장 무릎에서 내려놓고 리드줄을 맨 채 집 안을 걸어 보세요. 자기 고집만 피우면서 자꾸 보채면 밀치기도 하고 제지도 해 보세요. 뜻대로 안 된다고 짖으면 무시해 보세요. 마음이 아프다고요? 불쌍해서 안아 주고 싶다고요? 그 마음을 꾹 참고 참된 부모의 역할에 충실해 보세요. 좋은 보호자는 뭐든지 주는 사람이 아니라, 주고 싶은 마음을 잘 참아 내는 사람입니다. 이것이 바로 좋은 보호자가 되는 출발점입니다.

2022년 11월, 안녕, 나의 '레오'…

Part_5

여전히 남아 있는 고민들

압박만 하는 훈련법은 정말 좋지 않습니다.

하지만 보호자의 무책임한 태도는 더 좋지 않습니다.

반려견을 어떻게 대하느냐도 중요하지만,

반려견를 키우는 보호자가

어떤 식으로 세상을 살아가고 있는지도 무척 중요합니다.

내가 개를 키워도 되는 사람인지,

그럴 수 있는 상황인지, 적절한 환경이 갖춰졌는지 등등을

전부 고려해 봐야 하는 겁니다.

사랑만 해 주면 개가 한없이 착해지고

심지어 사람이 될 걸로 착각하는 보호자들도 많습니다.

개는 절대 사람이 될 수 없습니다.

개는 개로 살아야 행복합니다.

개는 자신을 개로 생각하고 돌봐 주는 보호자를 만나야

잘 살 수 있습니다.

반려견은 당신을 닮습니다

요즘 제 머릿속을 떠다니는 생각들입니다.

나는 누구를 위해서, 무엇을 위해서 훈련을 해야 하는 걸까?

좋은 훈련이란 게 있을까?

나쁜 훈련이란 게 있을까?

무조건 보호자가 원하는 결과만 만들어 주면 되는 걸까?

보호자가 아니라 반려견에게 필요한 훈련을 하는 것이 맞는
걸까?

많이 짖는 개가 있었습니다. 아니, 많이 짖는 것을 넘어
정말 욕이 나올 정도로 심하게 짖는 개였습니다. 보호자를 만

나기 전부터 상담실 복도까지 개 짖는 소리가 들렸는데, 놀랍게도 보호자는 그런 개를 그냥 바라만 보고 있었습니다. 그 녀석은 진짜 보통 개가 아니었습니다. 20년 넘게 별의별 개들을 다 만나 봤던 저는 웬만한 소리엔 놀라지 않습니다. 해장국집 사장님이 방금 불에서 꺼낸 뚝배기를 그냥 맨손으로 잡아도 멀쩡한 것처럼 저 또한 개 짖는 소리에는 이골이 났다고 생각했는데, 그 개를 보는 순간 그것이 얼마나 오만한 생각인지 바로 깨달았습니다. 근데 그 개보다 더 놀라운 건 보호자의 태도였습니다. 저는 귀가 너무 아파 저절로 미간이 찌푸려지는데, 그분은 미동조차 하지 않았습니다. 어쩌면 아무런 대응도 하지 않았다고 표현하는 게 맞을 것 같습니다. 개가 아무리 심하게 짖어도 그분의 평안함은 깨지지 않았습니다. 5분을 넘게 짖는데도 그저 듣고만 있었습니다. 저는 개 짖는 소리를 뒤로 하고 보호자한테 질문부터 했습니다.

"보호자님, 개가 이렇게 짖을 때 보통 어떻게 하세요?"
"멈출 때까지 지켜보고 있어요."
"그럼 멈출 때까지 얼마나 걸리나요?"
"10분에서 20분 정도요."
"실례지만, 이웃들이 민원을 넣지는 않나요?"
"그런 일이 있긴 했습니다."

그럼에도 개를 키우려는 당신에게

저는 반려견 훈련사로 일하면서 다양한 보호자를 만났습니다. 그런데 이날은 정말 그 어느 때보다 힘든 훈련이 되겠다는 생각이 들었습니다. 왜냐면 보호자의 행동이 일반적이지 않았기 때문입니다. 반려견이 짖으면 보호자들은 보통 훈계를 하거나 줄을 당겨서라도 제지를 하려 합니다. 하지만 이분은 아무렇지 않은 표정으로 그저 자신의 반려견을 바라보기만 했습니다.

"보호자님, 이렇게 짖을 때 혹시 멈추게 하는 방법이 있나요?"

"글쎄요, 한 번도 해 본 적이 없는데요."

"줄을 당기거나 제지하는 행동은 따로 안 하세요?"

"해 봤지만, 잘 안 되던데요."

"상담을 해야 하는데 이 친구가 너무 짖네요. 혹시 제가 줄을 잡아도 될까요?"

"네."

줄을 건네받은 저는 줄을 짧게 잡은 후 제 쪽으로 당겼습니다. 단지 줄을 제 쪽으로 당긴 것만으로 녀석의 짖는 소리는 비명으로 바뀌었습니다. 제가 계속 줄을 당기니 끌려오지 않으려 몸부림을 치며 똥오줌까지 쌌습니다. 그래도 제가 줄을 놔주지 않자 그 녀석은 결국 제 쪽으로 다가와서 엉거주춤 엎드렸습니다. 그리곤 몸을 부들부들 떨면서 제 의자 옆에 가만히 엎드려 있었습니다. 짖는 건 단박에 멈췄지만 제 사무실은 녀석이 싼 대소변으로 지저분해졌습니다. 항문낭에서 나온 분비물이 배변과 섞인 탓인지 냄새가 아주 고약했습니다. 하지만 그걸 보고도 보호자는 그냥 의자에 가만히 앉아만 있었습니다. 제가 물티슈를 건네자 조용히 자신의 손만 닦을 뿐이었습니다. 그 모습을 보며 저는 속으로 생각했습니다. '아, 정말 힘든 상담이 되겠구나.'

자신의 반려견이 상담실에다 배변을 하면 대부분의 보호자들은 그걸 치우려고 합니다. 훈련 중에 배변을 해도 자신의 반려견이 한 행동이기에 대부분은 자신들이 뒤처리를 해야 한다고 느낍니다. 하지만, 이번 보호자는 달랐습니다. 아무것도 하지 않고 그냥 가만히만 있었습니다. 저는 보호자와 이야기를 더 해 봐야겠다는 생각이 들었습니다.

보호자는 짖는 문제 때문에 여러 번 민원이 들어왔고, 결국 그 문제 때문에 이사까지 했는데 그곳에서도 같은 일이 생겨서 교육을 받으러 왔다고 말씀하셨습니다. 신기한 건, 이런 이야기를 하는 도중에도 사무실에는 녀석의 배변 때문에 악취가 진동했다는 겁니다. 근데도 그분은 미세한 표정의 변화

그럼에도 개를 키우려는 당신에게

조차 없었습니다. 저는 너무 신기한 나머지 이런 추측을 하게 됐습니다. '지금 이분의 집 상태는 어떨까? 청소는 잘하고 있을까? 배변은 치우고 살까? 산책은 하고 있을까?' 그 순간 그분이 입을 열었습니다.

"훈련사님, 꼭 그렇게 혼내면서 훈련을 해야 하나요?"
"제가 혼냈나요? 혹시 어떤 게 불편하셨어요?"
"지금 줄을 너무 짧게 꽉 잡고 계시잖아요."
"그럼, 제가 다시 줄을 보호자님께 드릴게요."

보호자가 줄을 잡자마자 그 친구는 곧바로 다시 짖기 시작했고, 보호자는 아무런 표정 변화 없이 그 소리를 그저 듣고만 있었습니다.

저도 한때 반려견을 압박하는 훈련사였습니다. 하지만 이후 긍정적인 방식으로 반려견을 교육하고자 엄청 노력했습니다. 현재 많은 연구자와 훈련사 들의 노력으로 긍정적인 교육법이 널리 알려졌고, 효과도 꽤 있다는 것이 증명되었습니다. 저는 이를 직접 겪었고 그 과정에서 많은 것을 깨달은 훈련사입니다. 한국의 척박한 반려견 문화, 그 한가운데서 이 모든 걸 직접 겪고 느끼고 주장했던 사람 중 한 명입니다.

압박만 하는 훈련법은 정말 좋지 않습니다. 하지만 보호자의 무책임한 태도는 더 좋지 않습니다. 반려견을 어떻게 대하느냐도 중요하지만, 반려견를 키우는 보호자가 어떤 식으로 세상을 살아가고 있는지도 무척 중요합니다. 때리고 화를 내라는 게 아닙니다. 내가 살고 있는 곳과 그 주변 사람들을 정확히 파악하고, 어떻게 하면 다른 이들에게 피해를 끼치지 않고 개를 키울 수 있는지 고민해 봐야 합니다. 내가 개를 키워도 되는 사람인지, 그럴 수 있는 상황인지, 적절한 환경이 갖춰졌는지 등등을 전부 고려해 봐야 하는 겁니다.

산책은 1주일에 한 번 할까 말까 하면서, 맨날 부둥켜안고만 있고, 먹을 것만 주고, 옷만 사 입히고, 아무것도 가르쳐 주지는 않는 보호자들이 너무 많습니다. 그렇게 살만 찐 개는 결국 사람들로 가득한 도시의 어느 방구석에 갇힌 채 하루 종일 짖는 것밖엔 할 게 없습니다. 잘 키우고 싶다고 찾아온 사람들조차 무언가를 가르쳐 주면 실천도 안 하고, 자세히 방법을 알려 줘도 할 수 없다는 소리만 합니다. 그러면서 또 자기 개가 불쌍한 건 아는지 툭하면 무릎에 올려놓고, 온종일 만져 댑니다. 미안한 마음을 먹이나 간식으로 손쉽게 보상해 주려는 사람도 수두룩합니다. 그러면서 내 자식 같다고 말하고, 사랑한다면서 눈물을 흘립니다. 이게 진짜 반려견을 사랑하는 겁니까? 이것이 진짜 긍정적인 훈련이고 올바른 교육입니까?

저는 반려견 훈련사입니다. 개와 사는 데 불편한 점이 생기면 사람들은 저를 찾아옵니다. 그러면 저는 문제 행동을 고쳐 주고 돈을 받습니다. 물론 아무 말도 안 하고 그저 문제 행동만 고쳐 줄 수도 있습니다. 하지만 무조건 긍정적인 방법만 쓰라고 하면, 저는 못하겠습니다. 훈련 방법이 긍정적이냐 부정적이냐가 중요한 게 아닙니다. 반려견이 가지고 있는 문제가 무엇이든 간에, 반려견은 자신의 보호자를 닮는다는 사실이 가장 중요합니다.

반려견을 키우는 사람이라면 반려견과 시간을 많이 보내야 합니다. 반려견을 교육시키는 방법은 잘 모를지라도, 올바른 생활 태도를 갖고 있는 사람이라면 반려견을 잘 키울 수 있습니다. 그럼에도 반려견과 시간을 함께 보내는 것은 매우 중요합니다. 반려견과 많은 시간을 보낼 수만 있다면 세세한 훈련 기술은 그다지 중요하지 않습니다.

생활은 불규칙적이고, 쾌락적인 삶만 추구하고, 집 안 정리도 잘 하지 않고, 아침이 되어도 잠자리에서 뭉그적거리고, 늦게까지 안 자고, 끼니도 먹었다 안 먹었다 하고, 집 안 아무 데서나 담배를 피고, 툭하면 술 마시고, 어느 날은 반려견이 예쁘다고 난리를 치고, 어느 날은 거들떠보지도 않고, 산책도 어쩌다 한 번씩 가는 그런 사람이라면 아무리 긍정적인 훈련 방법을 쓴다 해도 아무 소용없습니다.

　이와는 반대로 규칙적인 생활을 하고, 평소 꾸준히 운동을 즐기고, 규칙적으로 식사를 하고, 자신이 머무는 곳을 늘 청결하게 유지하는 사람이 있는데, 이 사람이 자신의 반려견에게 압박만 가하는 훈련을 한다고 가정해 봅시다. 여러분은 이 두 사람 중 누구에게 자신의 반려견을 맡기고 싶습니까? 저라면 무조건 자신의 삶을 잘 돌보는 두 번째 사람에게 맡길 겁니다. 왜냐하면, 자신의 일상과 사랑하는 가족과 자신이 머무는 공간을 잘 돌보지 못하는 사람이 반려견을 훈련할 때는 '긍정적인' 태도가 중요하다고 말하는 것 자체가 엄청난 모순이기 때문입니다.

　저는 오랫동안 수많은 훈련사를 만나 봤습니다, 그리고 그들이 어떻게 사는지를 꾸준히 지켜봤습니다. 견습생 시절을 거쳐, 중견급 훈련사가 되고, 어엿한 훈련 센터의 대표가 되고, 후배 훈련사들을 양성하고, 한 가정의 가장으로 사는 모습을 오랜 시간에 걸쳐 지켜봤습니다. 결과가 어땠을까요? 평소 긍정적인 훈련을 하든 부정적인 훈련을 하든, 심지어 혐오스럽거나 자극적인 방법을 쓰든 안 쓰든, 자신의 삶을 진심을 다해 성실히 사는 훈련사라면, 늘 꾸준히 공부하며 건강하고 균형 잡힌 삶을 사는 훈련사라면, 결국 자신만의 훈련 기

그럼에도 개를 키우려는 당신에게

술을 습득하고 이 업계에서 일가를 이루어 일정 정도의 경지에 다다를 수 있었습니다.

이런 경험 때문인지 고작 반려견 훈련사일 뿐임에도 저는 보호자와 상담할 때 그 사람이 어떻게 사는지를 자꾸 살펴보게 됩니다. 앞서 말씀드린, 엄청나게 짖는 개의 보호자는 제게 줄을 너무 꽉 잡지 말라고, 혼내지 말고 교육을 해 달라고 했습니다. 근데 그 보호자는 그렇게 짖는 개를 빌라에 하루 종일 혼자 놔두고 출근을 했던 분이었습니다. 하루 종일 귀가 찢어지도록 짖는 개를 산책도 제대로 시키지 않는 분이었습니다. 반려견에게만 못 할 짓을 한 것도 아닙니다. 그렇게 짖는 개를 빌라에 혼자 놔두고 출근을 했으니, 이웃들의 고통에도 전혀 관심이 없는 분이라 할 수 있습니다. 자신은 그런 일들을 버젓이 해 놓고 저한테는 긍정적인 교육을 해 달라고, 혼내지 않는 훈련을 해 달라고 합니다. 짖는 것에는 다 이유가 있을 테니 저더러 개를 압박하지 말라고, 줄을 짧게 잡지 말라고 합니다.

그 개는 단지 보호자가 필요했던 겁니다. 자신을 책임져 줄 보호자 말입니다. 개한테 선택권을 준답시고 결과에 대한 책임을 회피하는 보호자가 아니라, 자신을 잘 가르쳐 주고 잘 키워 줄 책임감 있는 보호자 말입니다. 반려견을 제대로 잘 키우려면 어떤 행동이 올바른 것인지 정확히 가르쳐 주어야 합니다. 잘했을 때는 큰 목소리로 칭찬해 줘야 하고, 잘못했을 때는 화를 내면서 꾸짖기도 해야 합니다. 평소 규칙을 엄격히 적용해야 하고, 힘겨워할 때는 곁에서 도와줘야 합니다. 그런데 너무 많은 보호자들이 이렇게 하지 않습니다. 그리곤 반려견에게 선택권을 줬다면서 책임을 회피합니다. 이렇게 자신이 해야 할 일은 아무것도 하지 않은 채 오로지 감정만 표현합니다. "내가 널 얼마나 사랑하는데…." 대체 어쩌라는 걸까요? 무작정 사랑만 해 주면 어린 강아지 혼자 알아서 규칙도 배우고 스스로를 돌보면서 훌륭한 성견으로 자라날까요?

면목동엔 많은 사람이 살고 있습니다. 그런 곳에 살면서 하루 종일 짖는 개를 혼자 놔두고 매일 출근을 했다는 건 그냥 그곳에서 쫓겨나고 싶다는 것과 다름이 없다는 생각이 들었습니다. 저는 여전히 악취로 가득한 사무실에 미동도 않고 앉아 있는 그분을 쳐다봤습니다. 그리곤 조심스럽게 물었습니다.

"보호자님, 냄새가 너무 많이 나는데 여기 좀 치울까요?"
"아, 네."

이번에도 그분은 대답만 하고는 그냥 앉아 있었습니다.

저는 혼자 그 개가 싼 배변을 한참 동안 치웠습니다. 그분은 제가 몸을 숙인 채 자기 발밑을 이리저리 닦는데도 가만히 있었습니다. 그걸 보고 저는 확신할 수 있었습니다. 이분이 어떻게 일상을 살고 있는지를 말입니다.

"보호자님, 지금 짖는 문제도 심각하지만, 그것보다 먼저 좀 살펴봐야 할 것들이 있어요. 이제부터 제가 알려 드리는 것을 잘 지키시면 짖는 문제도 금방 개선이 될 겁니다."

아래는 제가 그분께 알려 드린 내용입니다.

정리·정돈하기

신기하게도 개들도 자리가 있는 물건과 없는 물건을 구분할 줄 압니다. 예를 들어, 리모컨이 매번 같은 장소에 있다면, 그리고 그걸 물려고 할 때마다 보호자가 안 된다고 지적하고 그 대신 씹을 만한 간식을 줬다면 반려견은 '리모컨은 만지면 안 되나 보다.'라고 기억합니다. 리모컨이 여기저기 굴러다니다가도 항상 같은 자리로 돌아가는 걸 본 반려견은 리모컨이 자리가 있는 물건이고 자신이 함부로 물면 안 된다는 것을 배우게 됩니다. 양말도 똑같습니다. 양말이 늘 아무 데나 놓여 있고, 자기가 한번씩 물고 놀아도 보호자가 아무 말도 안 하면 반려견은 양말과 장난감을 구분할 수 없게 됩니다. 식탁의 음식도 비슷합니다. 음식이 항상 식탁에 있고, 식탁에 있는 음식은 절대 건드리면 안 된다고 배운 개들은 식탁에 음식이 있어도 건드리려고 하지 않습니다. 우리가 빨간불에 몰래 무단 횡단을 할 때 불편한 마음이 드는 것과 비슷하다고 보면 됩니다.

이런 규칙들을 보호자가 얼마나 잘 지키고 유지하는지가 반려견들에겐 강력한 메시지가 됩니다. 보호자는 반려견 위에 군림하는 사람이 아니라, 소중한 보금자리와 그곳에 사는 구성원들을 이끌어 나가는 존재입니다. "우리 집에는 규칙이 있어! 난 이 규칙을 잘 유지할 거야! 걱정하지 마. 내가 어떻게 하면 되는지 알려 줄게. 실수해도 돼. 하지만 너도 이 규칙을 지키도록 노력해야 해. 그리고 그것이 습관이 되었으면 좋겠어." 이런 말을 해 주는 보호자가 되어야 합니다.

매일 아침저녁으로 산책하기

하루에 두 번, 아침과 저녁에 산책을 다녀와야 합니다. 아침에 너무 여유가 없다면 잠깐만 나가서 배변만 하고 와도

그럼에도 개를 키우려는 당신에게

괜찮습니다. 퇴근하고 저녁에 하는 산책을 조금 더 길고 여유롭게 하면 됩니다. 반려견이 아직 산책에 익숙하지 않다면 처음엔 집 근처에서 잠시 배변만 하고 들어와도 좋습니다. 그렇게만 해 줘도 반려견들은 너무 행복해할 겁니다. 물론 조금씩 더 길게, 더 자주 산책을 할 수 있도록 꾸준히 연습해야 합니다. 그런데 꼭 부탁하고 싶은 게 있습니다. 아무리 힘들어도 산책은 빠뜨리지 말고 매일 해 주세요. 반려견은 이 기쁨으로 살아갑니다. 이 순간의 행복을 누리기 위해 어렵고 힘들기만 한 사람들의 규칙을 배우는 겁니다.

'여기 앉아서 기다리면 간식을 줄까? 에이, 설마 주겠어. 어? 진짜 주네? 내가 앉아서 기다렸더니 간식을 줬어. 와, 대박!' 이렇게 우리에겐 별것 아닌 것 같은 산책이 반려견에겐 무척이나 기쁜 일입니다. 이 기쁨이 반려견들을 살게 하고, 사람과 더 잘 지내고 싶다는 마음이 들게 합니다. 그러니 꼭 매일 산책해 주세요!

배불리 먹이지 않기

밥은 하루에 한 끼만 주고, 간식은 산책할 때만 주세요. 여기서 중요한 건 짖지 않을 때만 간식을 주어야 한다는 것입니다. 현대인들은 무척 바쁩니다. 가뜩이나 시간이 없는데, 집에 들어가면 하루 종일 나만 기다린 반려견이 반갑다며 뱅글뱅글 돌고 애교를 부립니다. 그 예쁜 모습을 보면 고맙기도 하고 또 기다리게 해서 미안하다는 마음도 듭니다. 근데 많은 사람들이 그 죄책감을 간식으로 보상해 주려 합니다. 하지만 반려견들은 배가 부르면 배우는 걸 귀찮아합니다. 그러니 성견이라면 하루에 한 끼만 주세요. 그래도 충분합니다. 그리고 간식은 반드시 산책할 때만 주세요. 그러면 조금씩 달라지는 반려견을 보게 될 겁니다.

집 안 산책하기

앞에, 초인종 소리에도 짖지 않게 하는 방법을 설명하면서 '집 안 산책하기'라는 훈련을 알려 드린 적이 있습니다(97쪽 참고). 기억나시나요? 진짜 밖에서 산책을 하듯, 반려견에게 줄을 맨 뒤 그냥 집 안 여기저기 걸어 다니면 되는 아주 간단한 훈련입니다. 그러다 TV를 보셔도 됩니다. 이때 보호자는 소파에 앉은 채 계속 줄을 잡고 있어야 합니다. 반려견에게 앉으라고 명령할 필요도 없습니다. 그냥 줄을 잡은 채 TV를 보다가, 반려견이 소파 옆에 앉으면 살짝 쓰다듬어 주거나 간식을 하나 주면 됩니다. 단, 간식은 미리 준비해 두어야 합니다. 간식을 주겠다고 일어서서 냉장고에 가거나 하면 교육의 효과가 반감됩니다. 만일 간식을 미리 준비하지 못했다면 그냥 칭찬하면서 살짝 쓰다듬어 주면 됩니다. 집 안 산책이라 해서 가볍게 생각하지 말고 집중해서 해야 합니다. 줄을 잘 잡고 다니면서 반려견이 줄을 당기면 멈춰 서서 당기지 말라고 훈계도 하고, 줄을 안 당기고 잘 걸을 땐 칭찬도 해 주세요.

문제 행동을 보이는 반려견 옆엔 예뻐만 하고 책임은 지지 않는 보호자가 있기 마련입니다. 반려견을 잘 키우려면 노력도 하고 정성도 들여야 합니다. 위에 말씀드린 4가지 방법을 일주일만 꾸준히 실천해도 짖는 행동은 절반으로 줄어들 겁니다. 문제는 보호자가 이걸 꾸준히 실천할 의지가 있느냐에 달려 있습니다.

여전히 남아 있는 고민들

반려견과 함께
방송을 찍는다는 것

⬠

10년 전, 방송 작가라고 하는 분께 연락이 왔습니다. 제가 인터넷에 올린 글을 보고 관심이 생겨 연락을 했다고 했습니다. 반려견 훈련사라는 직업에 대해 자세히 알고 싶다는 말에 저는 흔쾌히 인터뷰에 응했습니다. 그 당시 저는 "'TV 동물농장'이라는 프로그램에 한 번만이라도 출연해 보고 싶다!"라고 노래를 부르며 다녔습니다. 그래서 평범한 반려견 훈련사이던 제게 방송 작가가 연락을 해 왔다는 것만으로도 너무 신나는 일이었습니다. 아내에게 달려가 자랑을 하고, 혹시 훈련 방법에 대해 물으면 뭐라고 대답할까 고민하면서, 설레는 마음으로 만나기로 한 날을 손꼽아 기다렸습니다. 혹시나 갑자기 약속을 취소하면 어쩌나 걱정했던 시간들이 기억납니다.

방송에 나온다는 사실만으로도 어찌나 감사하고 떨리던지, 의연한 척하려고 노력했음에도 결국 설렘과 흥분을 숨기지는 못했던 것 같습니다.

그날 저를 찾아왔던 피디님과 작가님은 반려견 산업에 종사하는 다양한 분들을 만나고 있다고 하면서, 반려견 훈련사라는 직업의 특성과 독특한 경험들에 대해 질문을 했습니다. 그리고 제가 코커스패니얼Cocker Spaniel이나 비글, 슈나우저Miniature Schnauzer가 '악마견'이라 불린다고 글에 썼는데 그 이유가 무엇인지 묻기도 했습니다. 그렇게 견종의 특성에 대한 이야기와 함께 당시 한참 관심을 갖고 있던 반려견의 분리불안에 대해서도 길게 이야기를 나누었습니다. 이런 내용을 토대로 방송이 만들어졌고, EBS에 '당신은 개를 키우면 안 된다'라는 제목으로 방송되었습니다. 이 제목은 당시 제가 쓰고 있던 책의 제목이었습니다. 방송이 나가기 전 피디님께 이 제목이 어떻겠냐고 제안을 드렸는데, 진짜 그 제목으로 방영이 되었던 겁니다.

어쨌든 이게 제가 처음으로 방송에 나가게 된 순간입니다. 물론 프로그램의 주인공은 제가 아니었습니다. '하나뿐인 지구'라는 프로그램에서 개를 주제로 다루는 꼭지에 제가 잠깐 출연했던 겁니다. 그래도 얼마나 신나던지! 날아갈 것 같이 기뻤던 저는 동네방네 소문을 내고 싶었습니다. 그 후

그럼에도 개를 키우려는 당신에게

운 좋게도 인연이 이어져 EBS에서 '세상에 나쁜 개는 없다'라는 프로그램을 진행하게 됐고, 저는 그렇게 반려견 훈련사로 세상에 알려지기 시작했습니다.

처음 방송 촬영을 하는 날은 모든 게 신기했습니다. 그전까지 저는 피디와 작가의 역할이 무엇인지 잘 몰랐습니다. 카메라 감독님이 촬영만 하는지도 몰랐는데, 이렇게 각자의 역할이 따로 있다는 것조차 무척 신기했습니다. 또 카메라를 보통 4대, 많을 때는 5~7대를 가지고 찍었는데, 이렇게 카메라를 많이 쓰는 것도, 거치용 카메라를 집 곳곳에 설치하는 것도 놀랍기만 했습니다. 정말 방송 프로그램을 만드는 일은 쉬운 게 아니구나 싶었습니다.

그런데 이렇게 재밌고 신기하기만 하던 방송 일도 막상 반려견 훈련사로서 보호자를 만나고, 반려견을 훈련하는 모습을 촬영해야 하는 순간이 오자 여러 가지 불편한 점들이 생기기 시작했습니다. 사람들은 방송을 찍고 있다는 걸 인지한 채로 촬영에 임합니다. 카메라 감독님이 촬영을 하고 계시지만 그렇다고 그분께 촬영 중에 말을 걸거나 하진 않습니다. 촬영 중엔 오로지 카메라 앞에 있는 사람들끼리만 대화를 주고받습니다. 하지만 개들은 이런 약속을 모릅니다. 곳곳에 스태프들이 있어도 출연자들은 그들이 현장에 없는 것으로 간

주합니다. 그러나 개들은 왜 우리 집에 이렇게 많은 사람들이 온 것인지, 그들이 들고 있는 물건은 대체 무엇인지 알 턱이 없습니다. 안 그래도 평소와는 집 안 분위기가 많이 다르기에 반려견의 행동을 교정하는 부분을 촬영할 때는 최대한 집 안에 변화를 주지 않으려 노력합니다. 그런데, 카메라 감독님들은 촬영 각도 때문에 집 안의 물건들 위치를 촬영하기 좋게 바꾸고 싶어 합니다. 이건 꼭 필요한 장면을 제대로 담아야 한다는 감독님의 직업의식에서 나온 행동이지만, 반려견 훈련사인 저로서는 집 안의 물건이나 가구를 옮기는 것이 반려견에게 '이건 우리 집이 아니야!'라는 생각을 심어 주기 때문에 피해야 하는 행동이었습니다. 이런 점 때문에 마음이 불편했던 저는 작가님, 피디님, 카메라 감독님과 차례로 이야기를 하면서 문제점들을 하나둘 풀어 나갔습니다. 이런 소통의 과정을 거쳐 그곳에 모인 우리는 점차 동물 프로그램을 찍는 전문가들이 되었습니다. 이에 대해 정말 대단한 경험이라고 서로 이야기를 나누었던 기억이 납니다.

방송 촬영에 대해 잘 모르시는 분들을 위해 반려견 촬영 중 스태프들이 주의해야 할 점을 한번 정리해 보겠습니다.

그럼에도 개를 키우려는 당신에게

반려견을 만지거나 부르지 않고, 인사도 하지 않는다

반려견 중에는 인사를 나누고 나면 같은 팀이 됐다고 생각하는 녀석들이 있습니다. 이런 이유로, 반려견과 호흡을 맞춰야 하는 사람이 따로 있거나 반려견의 시선을 잡아야 하는 촬영이라면, 그날 현장에 있는 스태프들은 반려견과 인사를 하지 않는 게 좋습니다. 실제로 할리우드에서 동물 영상을 찍을 때 작성하는 계약서를 보면 스태프는 해당 동물에게 접촉하지 않는다는 내용이 들어 있습니다. 저는 이걸 보고 진짜 경험이 많은 사람들이라는 걸 알 수 있었습니다.

촬영 현장엔 다양한 감정과 행동 들이 혼재되어 있습니다. 촬영의 대상인 배우나 반려견은 평온한 상태일지라도 뒤에서 일하는 스태프들은 바쁘게 움직이는 경우가 많습니다. 그러다 보면 간혹 소리를 치는 사람들도 있는데, 만일 반려견이 평소에 그 스태프와 친했다면 곧바로 그의 감정에 동요하는 모습을 보이게 됩니다. 따라서 반려견과 즐겁게 촬영하고 싶다면, 평소에 아는 척도 하지 말고, 만지지도 말고, 간식도 주지 않는 게 좋습니다. 그저 "안녕!" 정도면 충분합니다.

반려견이 보는 앞에서 뛰거나, 뭔가를 던지면 안 됩니다

조연출분들은 항상 열정적으로 빠르게 현장을 돌아다닙니다. 많은 일들을 조율해야 하기에 엄청난 속도로 촬영장을 누비는 경우가 많은데, 반려견을 촬영해야 하는 곳에서는 이런 빠른 동작 자체가 반려견의 시선을 뺏을 수 있기 때문에 조심하는 게 좋습니다. 물건을 던지는 것도 마찬가지로 반려견의 주의를 흩트려 놓을 수 있습니다.

문을 잘 닫고 다녀야 합니다

촬영 현장에서는 정말 심각하다고 느낄 정도로 사람들이 문을 안 닫고 다닙니다. 그런데 함께 촬영을 하다 보니 그게 일종의 배려라는 걸 알게 됐습니다. 무거운 카메라를 들고 다니거나 이리저리 짐을 옮기는 사람들이 많으니, 그들을 위해 문들을 모두 열어 놓는 거였습니다. 그래서인지 닫힌 문이 있으면 일부러 열어 두는 사람들도 있습니다. 그런데 동물과 함께 촬영하는 곳에서는 문단속이 정말 중요합니다. 실제로 한 번은 스튜디오에서 촬영을 하다가 열린 문으로 반려견이 나가는 바람에 모든 사람들이 찾아다녀야 했던 적도 있습니다. 다행히 반려견을 찾긴 했지만 다시 생각해 봐도 아찔한 순간이었습니다.

마음의 여유를 가져야 합니다

광고 촬영 같은 경우엔 시간을 정해 놓고 스튜디오를 빌리기 때문에 사전에 촬영할 내용을 정리해서 시간표를 만들

그럼에도 개를 키우려는 당신에게

어 둡니다. 보통은 시간표를 여유 있게 짜지만, 동물들과 촬영을 하다 보면 예상치 못한 일들이 생겨 차질이 빚어지기도 합니다. 이때 중요한 건 그 반려견을 핸들링하는 보호자 또는 훈련사의 마음가짐입니다. 늦춰지는 일정 때문에 다른 사람들에게 피해를 줄까 봐 조바심을 내기 시작하면 그 불안감이 이내 반려견에게도 옮아갑니다. 불안한 반려견은 뜻대로 움직여 주지 않는 경우가 많습니다. 이런 걸 예방하기 위해서라도 촬영 현장의 분위기를 잘 조율해 낼 수 있는 전문적인 훈련사가 필요하겠지만, 일에 좀 차질이 생기더라도 마음의 여유를 가지고 동물들의 사정을 따뜻하게 바라봐 주는 현장 분위기도 무척 중요합니다.

이 밖에도, 촬영 중간에는 낯선 스태프가 촬영장에 들어오지 않는 게 좋습니다. 또 촬영장에 있던 누군가가 밖으로 나가는 것도 좋지 않습니다. 예를 들어 설명해 보겠습니다. 누군가 전화 통화를 하면 옆에 있다가 꼭 "누구야?"라고 물어보는 사람이 있습니다. 단순히 호기심이 넘치는 사람인지 아니면 그 사람에게 유독 관심이 많은 건지 모르겠지만, 암튼 주위에서 흔히 볼 수 있는 광경입니다. 언젠가 이사 시기가 안 맞아서 3개월 동안 아파트에서 살았던 적이 있습니다. 그때 저를 알아본 어떤 중년의 남성분과 우연히 인사를 나누게 되었습니다.

"아이고, 훈련사님 이 동네 사세요?"
"네, 얼마 전에 이사 왔어요. 아마도 석 달 정도는 이 동네에
서 지내야 할 것 같아요. 반갑습니다."
"그렇구나! 반갑습니다. 근데 몇 동 사세요?"
"아, 109동에 살아요."
"몇 호예요?"
"네? 몇 호냐고요?"

몇 호에 사냐고까지 물어보는 걸 보면 정말 다른 사람에
게 관심이 많은 분인 것 같았습니다. 그런데 반려견들 중에도
이런 친구들이 있습니다. 보호자가 화장실에 가면 화장실 안
까지 따라오는 친구도 있고, 보호자가 나가면 문을 부수고라
도 따라가려 하는 친구도 있습니다. 이런 성격을 가진 친구들
은 촬영 도중에 누가 들어오면 곧바로 가서 확인하려고 합니
다. 또 누가 현장에 있다 나가면 따라가서 배웅을 해 주기도
합니다. 물론 스태프들의 이동을 완전히 막을 수는 없겠지만
이런 점에 대해 미리 숙지하면 사전에 잘 대처할 수 있으리라
생각합니다.

반려견 촬영이 처음인 분들과 일을 할 때면 저는 되도록 사전에 많은 소통을 하려 노력합니다. 동물 촬영에 대한 경험이 없는 경우엔 이것저것 당황스러운 일들이 많이 발생하기 때문입니다. 그래서 사전에 그분들과 소통하면서 훈련사로서 제가 꼭 필요하다고 생각하는 것을 전달하고, 그다음엔 촬영하는 분들이 꼭 필요하다고 생각하는 것들에 대해 들으면서 서로의 의견을 맞추어 나갑니다. 이런 과정을 무사히 마치고 나면 정말 멋진 팀이 탄생합니다.

처음 방송 작가님과 통화했을 때가 생각납니다.

"훈련사님, 다음 주가 첫 촬영인데 어떤 훈련을 하실 건가요? 대본도 써야 하고 미리 준비도 좀 하려고요."

"음, 아직 제가 그 반려견을 못 봐서 어떤 훈련을 할지 정확히 모르겠습니다."

"그럼 내일까지 알려 주실 수 있을까요? 저희가 대본을 마음대로 쓸 순 없어서요."

"작가님, 반려견 훈련이라는 게 다양한 방식이 있고 또 보호자님이 처한 환경과 성격, 학습 속도 등을 모두 살펴본 다음 훈련 방법을 알려 드리거든요. 물론 반려견 훈련 방법도 대략은 정해진 게 있지만, 어떤 게 가장 중요한지 그리고 무엇부터 교육할지는 현장에서 보고 결정해야 해요."

여전히 남아 있는 고민들

그날 이후로도 많은 작가님들이 대본 없이 촬영하는 걸 몹시 불안해했습니다. 저도 작가님을 도와드리고 싶은데, 현장에 가기 전까진 확실한 걸 알 수가 없으니 죄송하기만 했습니다. 그래서 한번은 제가 작가님께 미리 말씀을 드린 적도 있습니다. "작가님! 이번 친구는 예절 교육만 하면 될 것 같아요. 개를 많이 키우는 집이긴 하지만, 문제가 된 반려견이 몸집이 작고 사나워 보이지 않으니 어렵지 않을 것 같아요! 제가 먼저 들어가서 인사드리고, 앉아서…." 이날은 이렇게 미리 대본을 다 정하고 촬영에 들어갔습니다. 근데 막상 그 집에 가 보니 반려견 20마리가 저를 보고 동시에 짖기 시작했습니다. 인사를 건네려 해 봤지만, 그 많은 반려견들이 서로 짖고, 싸우고, 밀치고, 제 바지를 물고 하는 통에 도저히 대본대로 할 수가 없었습니다.

이후로 저희는 필요한 게 확실할 때만 계획을 세우고 그 밖에는 현장 상황에 맞춰 훈련을 하기로 결정했습니다.

반려견과 같이 방송을 한다는 것은 이렇게 예상치 못한 일들의 연속입니다.

그럼에도 개를 키우려는 당신에게

긍정적인 교육과
부정적인 교육

●

10년 전, 그러니까 제가 반려견 방송을 본격적으로 시작했던 때는 반려견 문화가 지금과는 많이 달랐습니다. 그 당시 보호자와 상담을 하며 이런 질문을 받은 적도 있었으니까요.

"개는 며칠에 한 번씩 사료를 주면 돼요?"
"네? 며칠이요?"

당시 반려견 문화는 정말 척박했습니다. 반려견도 생각을 한다는 걸, 감정을 가지고 있다는 걸 많은 분들이 몰랐습니다. 우리가 느끼는 것을 그들도 느끼고 표현할 수 있다는 걸 많은 분들이 이해하지 못했습니다. 저는 방송을 통해 반려

그럼에도 개를 키우려는 당신에게

견들이 느끼는 감정을 사람들에게 그대로 전달해 주고 싶었습니다. 하루 종일 줄에 묶여 있는 개들이 얼마나 고통스러운지 알리고 싶었습니다. 온종일 집에만 있는 푸들도 나가서 뛰어놀고 싶고, 냄새 맡고 싶어 한다는 걸 알리고 싶었습니다. 실제로, 개가 짖을 때마다 매번 매질을 하는 사람에게 당신의 개가 왜 짖는지 단 한 번만이라도 궁금해하면 안 되냐고 부탁했던 적도 있습니다.

밥을 줄 때마다 반려견이 공격을 한다고 토로하는 분이 있었습니다. 그래서 밥을 못 주고 있다는 그분께 저는 그냥 밥을 많이 주라고 했습니다. 맘껏 자유롭게 먹을 수 있게 하라고 했던 겁니다. 그리고 반려견이 밥을 먹을 때 절대 근처에 가지 말라고 당부했습니다. 그런데 그 보호자는 이상한 버릇을 갖고 있었습니다. 반려견이 밥을 먹을 때면 매번 "멈춰!"라고 소리치며 그 친구의 복종심을 테스트하려 들었습니다. 자신의 명령에도 먹는 걸 멈추지 않으면 때리기도 하고 입에 손을 넣어 음식을 뺏기도 했습니다. 그 보호자는 개가 자신을 진정 주인으로 여긴다면 자신의 명령대로 먹는 것도 멈춰야 한다고 생각했습니다. 하지만 이런 행동은 결국 반려견을 먹이 앞에서 흉포해지도록 만들고 말았습니다. 당시엔 이분처럼 반려견이라면 주인의 명령을 무조건 따라야 한다고 생각하는 보호자들이 꽤 많았습니다.

　저는 그 보호자에게 그냥 사료를 넉넉히 주고 먹을 땐 되도록 가까이 가지 말라고 했습니다. 그런 다음 손에 음료수 캔을 들고 있던 그분의 손을 툭 쳤습니다. 보호자는 놀라기도 했겠지만, 자신보다 나이도 한참 어린 사람이 자신에게 그런 행동을 하니 몹시 기분이 나빴을 겁니다. 거기에 대고 저는 이렇게 말했습니다. "지금 보호자님이 느끼시는 그 감정이 바로 저 친구가 느끼는 감정일 겁니다."

　그 시절엔 꽤 강압적으로 교육하는 반려견 훈련사들이 많았습니다. 대부분의 훈련사들이 반려견의 행동을 교정하려면 무조건 훈련소에 입소시켜야 한다고 생각하던 시절이었습니다. 생각이 달랐던 저는 그때부터 많은 훈련사들에게 욕을 먹기 시작했습니다. 제가 방송에 나와 보호자들도 스스로 반려견 교육을 할 수 있다고 말하고, 보호자도 배워야 한다고 이야기하니 반려견들을 위탁받아 훈련소를 운영하는 분들은 제가 꽤나 미웠을 겁니다. 사람들이 두 달 정도 된 어린 리트리버를 잘 키워 보겠다고 반려견 훈련사를 찾아가면 무조건 반려견 훈련소에 3개월 정도 입소시켜야 한다고 말하던 시절이었습니다. 하지만 한번 생각해 보세요. 3개월이나 훈련소에 맡기면 그 어린 강아지는 과연 누가 자신의 보호자인지 알 수 있을까요? 그리고 그렇게 오래 훈련소에 있는 동안 강아지는 얼마나 외롭고 힘들 것이며 또 보호자는 얼마나 가슴이 아플까요?

'세상에 나쁜 개는 없다'라는 프로그램에 출연하는 동안 저는 반려견이 얼마나 우리와 가까운 사이인지, 그들이 얼마나 우리와 비슷하게 생각하고 느끼는지 알리려 노력했습니다. 그리고 반려견들도 우리처럼 새로운 걸 배울 수 있는 존재라는 걸 끊임없이 이야기했습니다. 그 과정에서 저는 진심으로 반려견을 가족으로 여기는 사람들이 많다는 걸, 마음을 다해 그들의 생각과 행동을 이해하고, 반려견을 제대로 교육하는 법을 배우고 싶어 하는 사람들이 많다는 걸 깨달았습니다. 저는 그런 분들을 향해 말을 듣지 않는다고 무조건 줄부터 잡아당기지 말고, 그보다 먼저 뛰어놀고 싶어 하는 반려견의 마음을 이해해 보자고 이야기했습니다. 으르렁거린다고 무조건 공격적인 개로 치부하지 말고 반려견이 왜 이빨을 보이며 화를 냈는지부터 알아보자고 이야기했습니다.

물론 이런 시도들이 처음부터 잘된 건 아닙니다. 하지만 변화는 천천히 일어나기 시작했습니다(저는 이제 EBS의 '세상에 나쁜 개는 없다'라는 프로그램에 출연하지 않습니다. 현재는 너무 멋진 수의사님께서 프로그램을 이끌어 주고 계십니다. '세나개'는 제가 하고 싶은 이야기를 다 할 수 있게끔 도와준 프로그램입니다. 너무 감사드리고, 앞으로 더 멋진 프로그램으로 오래오래 남아 주길 바랍니다).

그 시절 저는 반려견의 모든 행동에는 이유가 있고, 그들의 사고방식에도 어떤 의미가 있다는 사실을 알리는 데 온 힘을 다했습니다. 많은 훈련사들이 별다른 이유 없이 반려견에게 압박을 가할 때 왜 꼭 그렇게 해야 하는지 의문을 제기하기도 했습니다. 오해할까 봐 말씀드리는데, 저는 반려견들을 절대로 압박하면 안 된다고 생각하는 훈련사가 아닙니다. 제 교육 방식에는 긍정적인 방법도, 부정적인 방법도 때로는 혐오적인 방법도 모두 들어 있습니다.

무조건 압박하는 방식으로만 반려견을 훈련하는 훈련사들이 있습니다. 제가 보기엔 아무 이유도 없이, 아무 생각도 없이 훈련하는 사람들입니다. 이와는 반대로 긍정적인 방식으로만 교육해야 한다고 주장하는 훈련사들도 있습니다. 저는 그분들을 진심으로 존중합니다. 현실과 쉽게 타협하지 않고 오로지 긍정적인 방식으로만 교육하려는 그 노력 자체를 존경합니다. 하지만 이 방식에도 문제가 있습니다. 긍정적으로 교육한다는 걸 가끔 오해하는 훈련사들을 본 적이 있습니다. 그들은 무조건 반려견을 예뻐해 주는 방식으로 훈련하면 언젠가는 반려견이 자신이 원하는 대로 움직일 것이라 착각합니다. 더 나아가 이들은 압박적이고 부정적인 훈련 방법을 사용하는 훈련사들을 비난하면서 긍정적인 방식만을 사용하는 자신들이 훨씬 우월하다고 주장하기도 합니다.

　25년 전엔 저 또한 그냥 막 소리치면서, 억지로 앉히고, 당기고, 밀면서 어떻게든 반려견이 제가 원하는 대로 행동하게 만들었습니다. 그때는 그게 올바른 훈련인 줄 알았습니다. 그런 시절을 지나 지금은 '카밍시그널calming signal, 반려견들이 소통할 때 사용하는 몸짓 언어'을 바탕으로 반려견의 행동을 이해하고 분석하며 정말 많은 교육법들을 경험하고 실천해 오고 있습니다. 물론 저는 지금도 끝없이 공부하고 있습니다. 근데 이렇게 반려견이 어떻게 학습하는지를 알면 알수록, 수많은 보호자와 상담을 하면 할수록 저는 스스로에 대해 "나는 이러이러한 훈련사입니다."라고 확언을 할 수가 없게 됐습니다. 단어 몇 개로는 제가 어떤 훈련사인지 도저히 설명할 수가 없기 때문입니다.

　한 보호자와 상담했던 기억이 납니다. 그 보호자는 툭하면 자신의 반려견에게 "쓰읍!" 하면서 압박을 가하는 행동을 했습니다. 그 행동에 크게 나쁜 뜻은 없었지만, 보호자는 습관적으로 이 행동을 반복했고 평소에도 반려견을 꽤 위협적인 태도로 대했습니다. 또한 이 보호자는 반려견에 대한 이해가 많이 부족한 나머지, 자기가 만지고 싶을 땐 아무 때나 만지려 했고 어쩌다 반려견이 자신의 손길을 피하면 때리기까지 했습니다. 이런 보호자 앞에서 저는 긍정적인 방식을 선호하는 훈련사가 됩니다. 심하다 싶을 정도로 반려견에게 감정을 이입한 상태에서 보호자에게 지금 반려견의 마음이 어떤지를 설명해 줍니다. 만약 제가 압박하는 방식과 서열을 중요하게 생각하는 훈련사였다면 그 보호자의 방식이 맞다고 맞장구 쳐 주었을 겁니다.

그 보호자는 분명 따뜻한 마음을 가진 분이었습니다. 다만 그런 마음을 표현하는 방식이 너무 거칠다는 게 문제였습니다. 그래서 전 그분한테 반려견에게 부드럽게 말하는 법, 천천히 다가가 손부터 내미는 법, 인내심을 가지고 반려견을 기다려 주는 법 등에 대해 열변을 토하며 긍정적 방식을 선호하는 훈련사의 모습을 보여 주었습니다. 이렇게 교육하다 보면 보호자도 차츰 반려견의 행동을 이해하는 것에 익숙해지고, 스스로 반려견과 교감하려는 행동을 보입니다. 그런 단계까지 다다르면 저는 보호자가 던지는 여러 질문들을 보면서 반려견 교육에 대한 보호자의 이해 정도를 가늠합니다. 그리고 보호자가 동작들을 얼마나 능숙하게 해내는지까지 모두 확인한 후 마지막으로 반려견에게 부드럽고 다정한 리더가 되는 방법을 알려 드립니다.

물론 반대의 경우도 있습니다. 요즘엔 긍정적인 방식으로 반려견 교육을 하고 싶어 하는 보호자들이 훨씬 많습니다. 이는 지극히 옳은 일이며, 저 또한 그렇게 교육을 시작하는 것이 좋다고 생각합니다. 그래서인지 긍정적인 방식으로 교육하려는 훈련사들도 점차 늘어나고 있는데, 무척 좋은 변화라 할 수 있습니다. 하지만 도가 지나친 경우들이 있는 것도 사실입니다. 일례로, 반려견의 감정을 읽는 걸 도저히 멈추지 못하는 분들이 있습니다.

> "훈련사님, '뽀삐'가 지금 고개를 3번 흔들고 냄새를 맡았어요. 이건 불안하다는 뜻이죠?"
> "훈련사님, '피치'의 눈빛이 슬퍼 보여요. 유치원에라도 보내야 할까요?"
> "훈련사님, '진순이'는 제가 손에 물을 담아 줘야 먹어요. 사회성이 부족한 걸까요?"

의도한 결과는 아니지만, 반려견의 감정에 과도하게 집착하는 보호자들은 결국 반려견의 사회성을 더욱 떨어지게 만들기도 합니다. 지나친 좌절감은 문제가 될 수 있지만, 적절한 수준의 좌절과 실패는 인생을 살아가는 데 많은 도움이 됩니다. 사람들은 실패를 통해서 무언가를 배우며, 좌절감을 극복해 나가는 과정에서 한층 성숙한 존재가 됩니다. 이건 반려견도 마찬가지입니다. 무조건 긍정적인 방식만 고수하면 이런 점을 놓치게 됩니다.

긍정적인 방법만 선호하는 훈련사들은 반려견에게 과도한 애정을 퍼붓고, 반려견의 감정에 집착하는 사람에게 보다 현명한 보호자가 되라는 조언을 할 수가 없습니다. 어쩌면 어떤 방식이 더 올바른 것인지조차 모르는 훈련사가 더 많을지도 모릅니다. 요즘 들어 특히 반려견의 감정을 살펴 주는 게 상담이라 생각하고, 그렇게만 하면 무조건 좋은 훈련사가 되는 걸로 착각하는 경우가 점점 늘어나고 있습니다. 이런 세태 때문인지 문제의 심각성과 관계없이 무조건 긍정적인 방식만 원하는 보호자들도 점점 많아지고 있습니다. 근데 무작정 긍정적인 방법만 사용하는 건 단지 훈련사와 보호자에게만 좋은 훈련 방식입니다. 이런 식으로 하다 보면, 정작 반려견은 투정만 부리고 보호자 없이는 아무것도 못 하는 존재가 되고 맙니다. 그토록 원하던 사회성은 점점 더 약해져서 결국 다른 반려견과는 어울리지 못하는 외로운 개가 되고 맙니다.

저는 사람들이 자신의 반려견과 행복하게 잘 살기를 바랍니다. 저는 사람들이 반려견들의 행동을 좀 더 잘 이해하고 그들이 원하는 것을 해 주길 바랍니다. 하지만 이 과정에서 생각지도 못한 문제가 발생했습니다. 오직 자신의 감정과 자신의 반려견만 생각하는 이기적인 보호자들이 등장한 겁니다.

예전에 만났던 한 보호자 이야기를 좀 해 보겠습니다. 이분은 10평 정도 되는 좁은 오피스텔에서 미니어처핀셔Miniature Pinscher 4마리를 키우고 있었습니다. 원래는 암컷 한 마리를 키우고 있었는데 어린 강아지가 보고 싶다는 이유로 반려견을 임신시켰고, 이후 새끼가 3마리 태어나서 총 4마리가 된 거였습니다. 미니어처핀셔에 대해 잘 아는 분들이라면 이 친구들이 얼마나 잘 짖는지도 아실 겁니다. 이분이 제게 상담을 문의했던 것도 결국 짖는 문제 때문이었습니다. 저는 새끼들이 아직 7개월 정도밖에 안 되었으니, 지금이라도 새로운 집으로 입양을 보내는 게 어떻겠냐고 말씀드렸습니다. 하지만 보호자의 생각은 달랐습니다.

"훈련사님, 같이 살 수 있는 방법을 알려 주세요."
"보호자님, 직장에 다니시나요?" "네."
"아침 9시부터 저녁 6시까지 근무하시나요?" "네."
"그럼 대략 아침 8시에 나가서 저녁 7시쯤 들어오시겠네요?"
"저녁엔 조금 더 늦게 올 때가 많아요."
"재택근무로 바꿀 수 있나요?" "아니요."

"이직할 계획은 있으신가요?" "아니요."

"그럼 퇴근한 후에 식사하고 잘 준비하기도 바쁘실 텐데 애들 산책이나 교육에 할애할 시간이 있을까요?"

"노력해 봐야죠."

"정말 이 강아지들을 모두 키우실 계획이세요?"

"네, 이제는 못 보낼 것 같아요."

"보호자님, 반려견 교육은 보호자가 처한 환경에 따라 할 수 있는 훈련 내용이 달라져요. 그런데 지금 보호자님의 상황에서는 어떤 훈련을 해야 하나 고민이 많이 돼요. 왜냐하면 지금 보호자님은 열심히 일해야 하잖아요. 젊고, 꿈도 있고, 또 현실적으로 돈도 계속 벌어야 하고요. 그러니 일을 쉴 수 없는 건 너무 당연한 거예요. 근데 이 녀석들한테는 지금 보호자가 계속 옆에 있어 줘야 해요. 지금 어미는 새끼를 낳은 후에도 계속 강아지들이랑 같이 지내고 있는 상황이에요. 어느 정도 자란 후엔 새끼들도 어미와 분리되어 이것저것 경험하며 성장해야 해요. 근데 이 친구들은 그럴 기회가 없었어요. 그동안 몸집은 자랐겠지만, 혼자 있는 방법, 사람들과 친해지는 법, 다른 친구들을 사귀는 법 등은 배울 기회가 없었을 거예요. 지금 보호자님의 일정을 들어 보면 보호자님이 이런 걸 해 줄 여건이 안 돼요. 그동안 어미는 방에 갇힌 채 혼자 육아를 해 왔을 거예요. 근데 이건 어미에게도 힘든 일일 뿐

그럼에도 개를 키우려는 당신에게

만 아니라 강아지들한테도 좋을 게 하나도 없어요. 새끼들도 지금 아무런 자극이나 경험 없이 그저 덩치만 커지고 있는 상황이에요. 이런 말씀드려서 정말 미안한데, 지금 환경에서 제가 할 수 있는 훈련이라곤 그저 윽박질러서 짖지 못하게 하는 것밖에 없어요. 근데 그건 훈련이 아니잖아요. 그리고 지금 이웃들에게도 피해를 주고 계실 텐데, 솔직히 말하면 보호자님이 지금 이 친구들을 모두 키우는 건 무리예요."

과연 어떻게 하는 게 맞는 걸까요? 힘든 상황 속에서도 어떻게든 개들을 모두 키우겠다는 보호자를 무조건 응원해 주는 게 맞는 걸까요? 반려견과 보호자가 지금보다는 조금이라도 더 나은 상황에서 살 수 있도록 도와주는 게 맞는 걸까요? 그럼 그렇게 되기까지 이웃들은 그 개들이 짖는 소리를 계속 들어야 하는 걸까요? 이 강아지들이 보호자의 적절한 보살핌과 교육 없이 이곳에서 계속 살게 하는 게 정말 맞는 걸까요? 저는 보호자가 이 친구들을 모두 키울 수 없다고 생각하지만 그렇다고 제가 이 개들을 보호자한테서 강제로 뺏는 건 괜찮을까요? 혹여나 뺏을 수 있다 해도 제가 그 개들을 모두 키울 수도 없는데 무작정 보호자에게 키우면 안 된다고 말하는 건 과연 맞는 걸까요? 저는 이날 하루 종일 스스로를 다그치며 물었습니다. '강형욱! 그러는 너는 무슨 방법이 있

는 거냐고!'

반려견에 대해 공부를 많이 하면 더 좋은 방법이 생길 줄 알았습니다. 근데 공부를 하면 할수록, 경험이 쌓이면 쌓일수록, 훈련은 더 어려워지기만 했습니다.

"훈련사님 '앉아'는 어떻게 가르치나요?"
"그걸 왜 가르치려고 하세요?"
"네?"

'그냥 간식을 이용해 교육하면 된다고 예쁘게 말해 주면 될걸, 거기다 대고 굳이 저렇게 질문으로 답할 필요가 있었을까? 그냥 간식이 든 손을 반려견 코끝에 대고 천천히 올리면 반려견이 스스로 앉게 될 거라고, 그렇게 말해 줬으면 서로 기분 좋게 끝났을 텐데. 내가 지친 건가? 아니면 걱정되는 거라도 있나?' 이렇게 저는 어느 순간부터 몸과 마음의 균형이 깨지는 느낌이 들었습니다.
변명을 하자면, '앉아'를 알려 주고 싶어 하는 보호자라면 보통은 어린 강아지를 입양해서 이제 막 교육을 시작했다는 뜻입니다. 반려견을 처음 키워 보는 분들, 그래서 반려견 교육에 대해 아무것도 모르는 분들이 처음 묻는 것이 바로

그럼에도 개를 키우려는 당신에게

'앉아'를 가르치는 방법입니다. 물론 다른 경우도 있습니다. 분명 반려견이 '앉아'라는 말을 아는데도 불구하고 보호자의 말을 듣지 않을 때도 이런 질문을 합니다. 근데 후자의 경우엔 반려견을 통제하고 싶다는, 훈계의 목적으로 반려견이 움직이는 걸 멈추게 만들고 싶다는 의도가 내포되어 있습니다. 이렇게 통제하려는 의도가 더 강한 경우엔 훈련 방법이 완전히 달라집니다. 그리고 보호자가 왜 반려견을 통제하고 싶은지 그 이유부터 들어 봐야 합니다. 가끔 어떤 보호자는 반려견의 행동을 철저하게 통제하면서 자유 시간을 전혀 주지 않는 경우도 있기 때문입니다.

이런 생각들로 머릿속이 복잡하니 그저 '앉아'는 어떻게 가르치냐고 묻는 질문에 "그걸 묻는 보호자님은 그럼 산책을 얼마나 자주 시키세요?"라고 까칠하게 되묻는 경우도 생기는 겁니다.

공부를 할수록, 상담 경험이 쌓일수록, 훈련은 점점 더 어려워지고만 있습니다.

'세나개'의 강형욱과
'개훌륭'의 강형욱

이렇게 제가 반려견 훈련에 대한 복잡한 마음으로 괴로워할 때쯤 KBS의 '개는 훌륭하다'라는 프로그램을 만나게 되었습니다. 처음엔 개그맨 이경규 씨가 먼저 만나자고 연락을 해 왔습니다. 초면임에도 불구하고 그날 저는 90분이나 지각을 했습니다. 약속 시간이 30분쯤 지났을 때 저는 이제 이경규 씨와의 인연은 끝났다고 생각했습니다. 그런데 막상 그분은 늦은 이유도 묻지 않고 저를 반갑게 맞아 주셨습니다. 그리곤 제게 같이 반려견 프로그램을 해 보자고 제안을 하셨습니다. 그렇게 저는 '개는 훌륭하다'라는 프로그램을 시작하게 되었습니다.

이 프로그램을 시작하면서 저는 반려견의 마음을 대변해

오던 사람에서, 반려견도 시민이 될 수 있다는 것을 증명하는 사람으로 바뀌어야겠다고 다짐했습니다. 예전엔 반려견의 편에 서서 그들의 입장만을 대변해 왔다면, 이젠 반려견도 우리 공동체의 일원이 되어야 한다는 사실을 알려 줘야 한다고 생각했던 것입니다. 그러려면 반려견을 어떻게 키워야 하는지, 반려견을 키우려는 사람들은 어떤 자격을 갖춰야 하는지 제대로 알려 주는 사람이 되어야 했습니다.

반려견 훈련사로서 보호자를 만날 때면, 마음속에서 자꾸 여러 자아들이 부딪쳤습니다. 훈련사 강형욱과 일반인 강형욱이, 아빠 강형욱과 반려견을 몹시 사랑하는 강형욱이 서로 싸우기 시작한 겁니다.

'이 개가 내 옆집에 산다면, 난 정말 미쳐 버렸을 거야!'
'산책할 때 이런 보호자를 만난다면 줄을 똑바로 잡으라고 소리칠지도 몰라.'
'이 보호자는 왜 이웃 생각을 전혀 안 하지?'
'이렇게 사나운 개가 아파트에서 살아도 돼? 옆집 사람들은 무슨 죄야?'
'입양한 개가 유기견이라고 해도 이렇게 마구 짖으면 안 되지!'

'다른 개를 죽인 반려견과 그 개의 보호자를 왜 내가 이해하고 공감해 줘야 하지?'

반려견 훈련을 오로지 돈벌이 수단으로만 생각했다면 이런 고민들은 할 필요조차 없었을 겁니다. 아무리 생각해도 해결되지 않는 고민들 때문에 하루하루가 정말 고통스러웠습니다.

그러던 중 사나운 개를 훈련하기 위해 한 전원주택에 방문하게 되었습니다. 직접 가 보니 그 개는 계속 옆집 담장에 점프하면서 이웃 사람들을 위협하고 있었습니다. 저는 놀라서 보호자가 잡고 있던 리드줄을 대신 잡아당겼습니다. 그 순간 보호자가 이렇게 말했습니다.

"맞아요! 이런 행동이 문제예요!"
"근데 왜 방금 반려견을 안 말리셨어요? 지금 옆집에 사시는 분께 달려들었잖아요?"
"울타리가 있어서 괜찮아요."
"아니에요! 울타리가 있어도 저분은 굉장히 놀라셨을 거예요!"
"아니, 그래서 지금 훈련하려고 하잖아요."
"아니 훈련이 먼저가 아니라고요! 지금은 담장을 더 높이는 게 먼저예요! 교육은 시간이 걸려요. 근데 지금 이 개의 공격성은 정도가 심하잖아요. 혹시 옆집에 아이들도 있나요?"

"네."

"그럼, 아이들이 지나갈 때도 이렇게 짖어요?"

"네."

"보호자님, 지금 이 상황이 매우 위험하다고 느끼지 않으세요?"

"그래서 교육하려고 하잖아요."

"아니, 교육하는 건 너무 당연한 거고요. 그것보다 시급한 건 이웃에 사시는 분들의 안전이에요. 그걸 먼저 해결한 다음에 교육을 해야죠. 이렇게 위험한 상황인데도 단지 교육만으로 모든 걸 예방할 수 있다고 생각하신 거예요? 옆집에 사는 분들은 아무 죄도 없는데 왜 이런 무섭고 위험한 일들을 겪어야 하죠? 보호자님이 제 이웃이었다면 전 정말 너무 싫었을 것 같아요."

"미안한데, 저 훈련사님하고 더 이상 훈련 못 하겠네요."

불편하기만 했던 상담을 마치고 돌아오면서, 제가 너무 심하게 말한 것 같아 죄송했습니다. 하지만 타인의 불편함에 대해서는 공감하거나 배려해 주지 않으면서 자신의 반려견은 그토록 아끼는 모습은 정말 끔찍했습니다. '어쩌다가 사람

그럼에도 개를 키우려는 당신에게

들이 이렇게 됐지? 그럼 나는 앞으로 어떻게 상담을 해야 하나?' 이런 고민들이 끊임없이 밀려왔습니다. '어쩌면 보호자는 훈련만 하면 짖는 게 멈출 수 있다고, 공격성이 사라질 수 있다고 단순하게 생각했던 게 아닐까? 나는 교육보다 먼저 두 집 사이에 구조물을 더 보강해서 옆집에 사는 사람들을 안심시켜 주는 게 먼저라고 생각하는데, 혹시나 모를 안전사고 문제를 예방할 수 있게 철저한 조치가 필요하다고 생각하는데, 교육은 그다음 문제라고 여기는데, 어쩌면 보호자는 교육만 하면 이 모든 문제들이 단박에 해결될 거라고 단순하게 생각한 게 아닐까?'

저는 이렇게 이웃의 안전을 먼저 생각하는 조치가 '노상 방뇨를 하지 맙시다!'와 같이 너무도 당연하고 상식적인 일이라 생각합니다. 몇십 년 전에는 길에 노상 방뇨 금지 표지가 많이 있었습니다. 하지만 지금은 거의 눈에 띄지 않습니다. 이제는 노상 방뇨를 하면 안 된다는 게 너무나도 상식적인 일이 되었기 때문입니다. 실제로 노상 방뇨를 하는 사람들도 거의 없습니다. 그럼 예전에는 그런 사람들이 왜 그렇게 많았던 걸까요? 이걸 반려견 문화에 대입해 보면, 너무도 당연한 것들이 여전히 상식으로 받아들여지지 않고 있다는 걸 알 수 있습니다. 아직도 반려견을 키우는 사람들은 어떤 식으로 세상과 어울려 살아야 하는지 잘 모르는 것 같습니다. 어쩌면 우리는 아직도 개를 키울 준비가 안 되었는지도 모릅니다. 자기 개가 하루 종일 짖어도, 개니까 짖는 게 당연하다고 말하는 보호자들이 있습니다. 자기 개가 다른 사람의 자동차에 소변을 봐도 그저 자연스러운 생리 현상이라고 착각하는 분들도 있습니다.

예전에 공원에서 겪은 일이 생각납니다. 산책을 하던 저는 어떤 개가 어린아이에게 잔뜩 집중하고 있는 장면을 보게 되었습니다. 그 개는 가슴과 머리를 살짝 앞으로 숙이고 있었는데, 꼬리엔 힘이 잔뜩 들어가 있었지만 위로 올라가지는 않은 채 바닥에 놓여 있었습니다. 모든 감각이 약 20m쯤 떨어져 있는 어린아이에게 집중되어 있는 것으로 보아 곧 위험한 일이 생길 것만 같은 불길한 예감이 들었습니다. 이런 자세를 '프레이 바우prey bow'라 하는데, 사냥감이 눈앞에 나타났을 때 자세를 낮추어 자신의 모습을 숨겼다가 사냥감이 허점을 보이는 즉시 달려들기 위해 취하는 일종의 준비 동작입니다. 그 개는 이 자세를 1분 넘게 취하고 있었지만 보호자는 아무런 조치도 취하지 않았습니다. 걱정이 된 저는 보호자에게 "그 개 좀 주의해서 보세요!"라고 소리쳤습니다. 하지만 보호자는 자신의 개가 그러고 있는 걸 보고도 아무 생각이 없는 듯했습니다. 그래서 저는 재빨리 어린아이의 부모에게 지금 저 개가 위험해 보이니 어서 자리를 피하라고 말했습니다.

한번은 이런 일도 있었습니다. 뒤쪽에서 누군가 "인사해~!"라고 말하는 소리가 들리는가 싶더니 5초도 안 지나서 찢어질 듯한 비명 소리가 이어졌습니다. 보호자는 그저 인사를 시키려 다가갔지만, 그 개는 인사 대신 상대편 개의 목덜미를 물어 버렸던 겁니다. 그런 사태가 벌어졌는데도 그 보호자는 아무런 조치도 취하지 않은 채 울고만 있었습니다. 그 장면을 지켜보는 내내 저는 답답해 죽을 뻔했습니다. 여전히 상대편 개의 목을 물고 있는 자신의 개를 걷어차서라도 말려야 할 텐데, 그래야 그 작은 개가 살 수 있을 텐데, 정작 그 일을 해야 하는 사람은 울고만 있었습니다. 대체 어쩌자는 걸까요? 나중에 다친 개는 병원으로 옮겨졌지만 살았는지 죽었는지는 저도 알 길이 없습니다.

많은 보호자들이 자신의 반려견을 정말 좋아합니다. 그런데 자신의 개에 대해선 잘 모릅니다. 사랑만 해 주면 개가 한없이 착해지고 심지어 사람이 될 걸로 착각하는 보호자들도 많습니다. 개를 사람처럼 대하면 진짜 사람이 될까요? 아뇨, 그렇게 하면 그 개는 결국 개도 사람도 아닌 이상한 동물이 되고 맙니다. 개는 절대 사람이 될 수 없습니다. 개는 개로 살아야 행복합니다. 개는 자신을 개로 생각하고 돌봐 주는 보호자를 만나야 잘 살 수 있습니다.

초창기에 '세상에 나쁜 개는 없다'라는 프로그램을 할 때만 해도 저는 반려견들이 어떤 감정을 느끼는가를 알리는 일에 집중했습니다. 그들이 얼마나 사람과 비슷한지를 알리기 위해, 그들도 우리와 똑같이 기쁨, 슬픔, 고통과 같은 감정을 느낀다는 사실을 알리기 위해 최선을 다했습니다. 그런데 '개는 훌륭하다'라는 프로그램을 하면서는 개들이 사람들과 비슷한 감정을 느끼기에, 때로는 누군가를 죽이고 싶어 하며 때로는 누군가를 지배하려 들고 때로는 누군가를 질투하기도 한다는 사실을 알리는 데 최선을 다했습니다. 개들도 사람처럼 가끔은 위험한 존재가 될 수 있습니다. 사람을 가장 많이 죽이는 동물은 바로 사람입니다. 개 또한 자신과 같은 종인 개를 많이 죽입니다. 개와 사람은 분명 다르지만, 그럼에도 개와 사람은 정말 비슷한 점이 많습니다.

'세상에 나쁜 개는 없다' 시절의 강형욱은 반려견을 혼내지 않고도 얼마든지 교육할 수 있다고, 만약 반려견들에게도 선택할 수 있는 기회가 주어진다면 무조건 옳은 선택을 할 거라고 말하는 사람이었습니다. 하지만 이런 저의 생각이 널리 퍼지면서 생각지도 못한 문제점들이 생겨났습니다. 이런 이

그럼에도 개를 키우려는 당신에게

유로 '개는 훌륭하다' 시절의 강형욱은 자신이 했던 말을 스스로 반박해야만 했습니다. 점차 반려견들에게 너무 많은 선택의 기회를 제공하고 너무 많은 것을 허용하는 보호자들은 늘어났지만, 정작 리더가 되어 반려견을 적절히 통제하려는 사람들은 잘 보이지 않았습니다. 이런 현실에서 저는 개는 때때로 위험한 동물이 될 수 있다고 경고하는 사람이 될 수밖에 없었습니다.

그리고 지금의 강형욱은 반려견들도 같은 공동체의 일원이 될 수 있고, 반드시 그렇게 되어야 한다고 생각하고 있습니다. 그리고 그들에게 그렇게 될 수 있는 기회를 주자고 말하고 있습니다. 네, 맞습니다! 반려견이 우리 공동체의 일원이라면 그에 합당하게 행동하는 법을 배워야 합니다. 반려견도 규칙을 지키지 않는다면 벌을 받아야 합니다. 누군가를 아프게 하거나 누군가를 죽인다면 그에 해당하는 사회적 제재를 받아야 합니다. 비록 그게 안락사라 해도 말입니다. 사람들도 다른 사람을 때리면 처벌을 받습니다. 누군가를 심하게 다치게 했다면 감옥에 가기도 합니다. 이제 개도 우리와 똑같이 시민이 되어야 합니다. 그들의 권리를 존중하되 그에 걸맞게 책임도 지게 해야 합니다. 앞으로 개가 사람을 물거나, 다른 개를 문다면 벌을 받게 해야 합니다. 그리고 그 개를 돌보고 가르칠 책임이 있는 보

호자가 더 큰 벌을 받게 해야 합니다. 이것이 제가 생각하는 상
식입니다.

잘 산다는 건 어떤 걸까요?

⬟

제가 처음으로 마당이 있는 집을 얻은 곳은 용인의 외곽이었습니다. 열심히 일해서 모은 7천만 원에 전세 대출까지 받아서 2억짜리 전원주택을 얻었지요. 아내랑 함께 오피스텔에만 살다가 마당이 있는 집으로 이사하니, 정말이지 큰 부자라도 된 것 같았습니다. 그 당시 '다올이'와 '첼시'라는 반려견과 함께 살았는데, 배변 때문에 하루에도 서너 번씩 밖으로 데리고 나갔었기에 마당에서 마음껏 배변을 할 수 있다는 생각만으로도 진짜 기분이 좋았습니다. 동네에는 비슷하게 생긴 주택이 10여 채 정도 있었는데, 나머지 건물들은 대부분 창고나 공장 들이었습니다. 소규모의 공장들이 모여 있는 지역에 전원주택들이 몇 채 지어져 있는 그런 동네였습니다.

그럼에도 개를 키우려는 당신에게

그래서인지 아내와 동네를 산책하다 보면 창고 건물 앞에 묶여 있는 개들이 많이 보였습니다. 어느 정도 시간이 지나자 어디에 어떤 개가 사는지, 그 녀석들의 보호자는 누구인지 대충 알게 되었습니다. 그 동네에 살면서 겪은 놀라운 일이 하나 있는데, 추석이나 설날 같이 연휴가 길 때는 창고 앞에 묶여 있던 개들을 모두 풀어놓는다는 겁니다. 한번은 차를 몰고 집에 돌아가는데 10마리가 넘는 큰 개들이 동네에 우르르 몰려다니는 걸 보고 깜짝 놀란 적도 있습니다. 공장단지라 그런지 평소에도 혼자 돌아다니는 개들이 종종 있긴 했는데, 그렇게 여러 마리가 떼를 지어 다니는 모습은 처음 보는지라 평소 알고 지내던 이웃에게 이유를 물어보았습니다. "아, 그거! 명절 때는 집에 사람들이 없으니, 뭐라도 주워 먹으라고 풀어놓고 가는 거지! 돌아다니면 개울에서 물이라도 먹을 수 있잖아!" 긴 연휴에는 공장에 직원들도 출근하지 않으니 개들에게 밥을 줄 사람이 없어서 풀어놓는다는 거였습니다.

창고 앞에 묶여 있는 개들은 낯선 사람을 보면 처음엔 맹견처럼 달려들지만, 어느 정도 친해진 다음에는 공원에서 마주치는 반려견들보다도 더 상냥하게 인사를 합니다. 도시의 개들은 주변에 사람이 넘쳐 나서 그런지 자신의 보호자와 가족에 대한 선호가 뚜렷한 편입니다. 이와 달리 교외의 공장단지에 묶인 채 살아가는 개들은 자신이 있는 곳으로 누군가 다가와야 인사라도 할 수 있습니다. 운이 엄청 좋을 땐 산책을 시켜 주거나 간식을 주는 사람을 만나기도 하니, 모르는 사람이 나타나면 있는 애교 없는 애교 다 부리면서 가지 말라고 몸부림치는 경우가 많습니다. 이런 개들과 친해지는 가장 확실하고 빠른 방법은 묶여 있는 줄을 풀고 산책을 시켜 주는 겁니다. 이건 제가 진짜 장담할 수 있습니다. 이렇게 평생 묶여서 살아가는 개들은 맛있는 간식을 주는 사람보다 산책을 시켜 주는 사람을 더 좋아합니다.

당시 출근을 할 때면 떠돌이 개 한 마리가 항상 같은 컨테이너 옆에 누워 있는 게 보였습니다. 다른 개들처럼 짖거나 피하면 저도 그냥 빨리 차를 몰면서 지나갔을 텐데, 그 녀석은 그냥 가만히 서서 제 차를 쳐다보기만 했습니다. 그 모습에 마음이 쓰여서 하루는 차를 세우고 간식을 던져 주었습니다. 그렇게 한두 번 했더니 그다음부터는 제가 차만 세워도 반갑다며 꼬리를 치기 시작했습니다. 음…, 그 기분이 얼마나 좋은지 여러분도 느껴 보셨으면 좋겠습니다. 누군가가 나를 반긴다는 게 얼마나 기분 좋은 일인가를요. 물론 살면서 저를 반기는 사람들도 만나 보긴 했습니다. 그때마다 저는 민망해하기도 하고, 때론 의심하기도 하고, 때론 대수롭지 않은 것처럼 반응하기도 했습니다. 근데 개들이 반기는 것은 느낌이 많이

그럼에도 개를 키우려는 당신에게

다릅니다. 그 친구들을 보면 진짜 거짓 하나 없이 순수한 마음으로 나를 반가워한다는 게 느껴집니다. 온 마음을 다해 나를 반기는 녀석을 실망시킬 수 없어서 그다음부터는 항상 간식을 챙겨 다녔습니다. 그리고 그 앞으로 지나갈 일이 없어도 그 녀석을 보기 위해 일부러 그 길로 돌아가곤 했습니다.

그런데 어느 날부터인가 녀석이 보이지 않았습니다. 그동안 한두 번씩 만나지 못할 때도 있었기에 처음엔 대수롭지 않게 생각했습니다. 하지만 10일이 넘게 보이지 않자 걱정이 되기 시작했습니다. 얼마 후 다시 그 컨테이너 앞에서 녀석을 만났는데, 옆에 새끼들을 데리고 있었습니다. 강아지들은 생김새도 달랐고 색깔도 제각각이었습니다. 제가 가까이 다가가 새끼들을 만져도 녀석은 경계하지도 않고 그저 지켜만 봤습니다. 어린 새끼들은 너무 예뻤습니다. 그러나 저는 마냥 예뻐할 수만은 없었습니다. '길에서 산다는 게 결코 쉽지 않을 텐데. 앞으로 이 일을 어쩌나….' 제 걱정 어린 시선 따윈 아랑곳하지 않고 강아지들은 길바닥에서 뒹굴며 장난을 치고, 컨테이너 밑에 들어가 낮잠을 잤습니다. 너무도 해맑고 사랑스럽기만 한 강아지들을 보면서 저는 가슴이 너무 아팠습니다. '그냥, 내가 다 데려다 키울까? 근데 우리가 다 함께 산다면 과연 행복할 수 있을까?' 저는 그 무엇도 확신할 수 없

여전히 남아 있는 고민들

었습니다. 그럼에도 그 녀석은 제게 아무것도 부탁하지 않았습니다. 항상 일정 거리까지만 저를 따라오다가 돌아서서 가버렸습니다. 길에서 오래 살아온 경험 때문인지, 녀석은 저처럼 친절하지만 결국 주저하며 떠나는 사람들에게 마음 주지 않는 법을 터득한 듯 보였습니다. 그 순간 저는 속마음을 들킨 것 같아 한없이 부끄러웠는데, 녀석은 다른 사람들도 다 마찬가지였다는 듯 미련 없이 떠났습니다.

이후 저는 불쌍하게 여긴다는 게 무엇인지 고민하게 됐습니다. 어떤 존재를 불쌍히 여기는 마음 안에 다른 감정이 섞여 있진 않은지 스스로에게 물었습니다. 녀석에게 연민을 느끼면서 한편으론 그런 자신이 꽤 좋은 사람이라 자위하진 않았는지, 녀석에게 간식을 챙겨 주며 그런 자신이 꽤 멋진 사람이라 생각하진 않았는지 말입니다. 그렇게 단지 자기만족을 위해 다른 존재를 동정했던 것은 아닌지 묻고 또 물었습니다.

    ✦   ✦   ✦

용인에서 보낸 어느 겨울의 일입니다. 용인 외곽 지역의 겨울은 강원도 못지않게 추웠습니다. 그날 저는 크리스마스 연휴임에도 일을 하느라 집에 늦게 들어왔습니다. 12시가 다

돼 가는 시간임에도 하루 종일 집에만 있었을 다올이와 첼시가 안쓰러워 잠시 밖으로 데리고 나갔습니다. 너무 추워서 소변만 잠시 보게 하고 돌아올 생각이었는데 막상 나가니 또 동네 한 바퀴만 빨리 돌고 들어가자는 쪽으로 마음이 바뀌었습니다. 바로 그때 창고 건물 앞에 늘 묶여 있는 개를 보게 되었습니다. 바닥에 물을 흘리면 1초 만에 얼 것 같은 날씨였는데, 그날도 그 개는 밖에 묶여 있었습니다. '아…, 정말 너무하네. 오늘 같이 추운 날엔 창고 안에라도 넣어 주지.' 그때였습니다. 창문 너머로 창고 안에 전등이 켜져 있는 게 보였습니다. 자세히 보니 안에 사장님이 계셨습니다. 털모자를 쓰고 두꺼운 점퍼를 입은 채로, 입에서 연이어 하얀 입김이 새어 나오는데도 그 시각까지 혼자 일을 하고 계셨습니다. 크리스마스, 그것도 밤 12시에 말입니다. '저분도 춥겠네….'

그 광경을 보자 이내 생각이 달라졌습니다. 처음에는 개를 밖에 둔 게 이해가 가지 않았는데, 연휴에 늦은 시간까지 잔업을 하고 있는 사장님을 보니 '참, 이게 누구를 탓할 수 있는 문제는 아니구나.' 이런 생각이 들었습니다. 밖에 묶여 있는 개보다, 크리스마스 연휴임에도 가족과 함께 지내지 못하고 늦은 시각까지 일에 매달려야 하는 그분의 사정이 더 크게 다가왔던 겁니다.

훈련사로 일하면서 배운 게 하나 있습니다. 나보다 개를 더 아끼면 안 된다는 사실입니다. 그러다 보면 어느 순간 가족보다 개를 더 아끼게 되고, 결국 끝에 가선 가족이라 말하던 개까지도 버릴 수 있다는 걸 깨닫게 된 겁니다. 실제로 끊임없이 불쌍한 개들을 찾아다니며 진짜 가족들을 외면하는 사람들을 많이 봤습니다. 자신은 돌보지 않으면서 개를 돌보는 사람들이 있다면 사기꾼이거나 마음이 아픈 사람이라고 저는 생각합니다. 어쩌면 사장님은 자신도 추운 날씨에 늦게까지 일을 하고 있으니, 개 또한 그렇게 있어도 될 거라고 생각했는지도 모릅니다. 그때 이후로 저는 개가 어떤 처지에 있더라도 그 개의 보호자를 먼저 보지 않고는 섣불리 판단을 하지 않기로 다짐했습니다.

예전에 방송 촬영을 하다 만난 할아버지 한 분이 계십니다. 혼자서 푸들을 키우고 계셨는데, 자세히 살펴보니 빗질을 자주 하지 않아 귀 뒤에 털이 엄청 뭉쳐 있었습니다.

"이 녀석, 귀 뒤에 털이 많이 뭉쳤네요. 우와! 털 뭉치가 진짜 귀만 해요. 제가 좀 잘라 드릴까요?"
"아니야! 그거 털이 아니고 귀야!"
"귀라고요? 아닌데, 진짜 털 뭉치예요. 안 잘라도 되는데, 혹시 피부에 안 좋을 수 있으니깐 제가 잘라 드릴게요."

"아니야! 안 돼! 귀를 왜 잘라!"

대화가 불가능하다는 걸 깨달은 저는 할 수 없이 그럼 목욕이라도 시켜 주자고 제안했습니다. 그랬더니 할아버지께서는 어딘가에서 주방 세제를 가져오셨습니다. 그걸 보고 저는 웃으면서 말했습니다. "퐁퐁으로 씻기면 어떻게 해요! 강아지 샴푸 없으세요?" 그러자 할아버지께서는 이렇게 말씀하셨습니다. "나도 이걸로 씻어." 저는 잠시 멍하니 있었습니다. 할아버지께서 반려견을 제대로 돌보지 못하고 있는 상황이라고만 생각했는데, 사실은 자신이 쓰는 물건을 자신의 개에게도 아낌없이 나누어 주려고 했던 겁니다. 저는 그런 할아버지 앞에서 이런저런 지식 따위를 늘어놓으며 실례를 범하고 싶지 않았습니다. 그래서 아무 말도 안 하고 몸에 세제가 남지 않게 푸들을 깨끗이 씻기고 잘 말려 주었습니다. 그것으로 충분하다고 생각했습니다. 아마 그 푸들도 평소 할아버지가 보살펴 주는 것에 아무 불만이 없을지도 모릅니다.

또 다른 일화도 있습니다. 저는 지금까지 살찐 개가 있으면 보호자 탓을 했습니다.

"보호자님, 혹시 '보리'가 저녁에 혼자 몰래 라면을 끓여 먹나요? 아니, 보호자님은 간식을 절대 안 주신다는데, 살이 전혀 안 빠지니 정말 신기하네요. 정말 물만 먹어도 살이 찌는 개인가 봐요." 이러면서 에둘러 말하거나, 상황이 심각할 땐 영국에서는 개를 살찌게 만들면 개를 못 키우게 한다는 이야기까지 하면서 겁을 주기도 했습니다. 개를 살찌우면 안 된다고 강조했던 이면엔 배가 부른 반려견은 어떤 간식으로도 훈련을 시킬 수 없기에 훈련사로서 느끼는 애로 사항 같은 것도 담겨 있었습니다. 배가 너무 불러서 사료는 손도 안 대고, 비는 시늉이라도 하지 않으면 아무리 새로운 간식을 사 와도 절대 먹지 않는 개들을 만나면 진짜 험한 소리까지 내뱉게 됩니다. "아니, 얼마나 이것저것 먹었길래 개가 고기를 안 먹어!"

배가 부른 개에게는 아무것도 가르칠 수가 없습니다. 그럼에도 습관이 된 보호자는 반려견에게 계속 먹을 것을 줍니다. 이런 문제 때문에 훈련을 하면서 곤란했던 적도 엄청 많습니다. 진돗개 2마리와 리트리버 1마리를 키우는 중년의 부부를 만난 적이 있습니다. 반려견 3마리가 모두 통통했습니다. 진돗개들은 족히 35kg은 넘어 보였습니다. 진돗개는 살이 잘 안 찌는 견종입니다. 이에 비해 셰퍼드나 리트리버는 근육과 살이 쉽게 불어나는 편입니다. 그럼에도 이 부부가 키우는 친구들은 하나 같이 다 살이 쪄 있었습니다. 이야기를 들어 보니 평소에 음식을 많이 주었다고 합니다. 부침개도 같이 해 먹고, 호떡도 같이 먹고, 닭을 삶을 때도 밥을 넣어서 맛있게 끓여 줬답니다. 고구마는 항상 한 솥씩 삶아 놓고 개들이 출출해 보이면 하나씩 주었다고 했습니다. 그동안 이렇게 키워도 아무 문제가 없었다고 부부는 말했습니다. 그리고 산속에 살고 있으니 개들에게 딱히 못 하게 하는 일도 없다고 했습니다. 잘 먹으면 더 주면 되고, 안 먹으면 더 안 주면 된다고, 부부는 아주 편안한 얼굴로 말했습니다. 그러다가 갑자기 남편분이 이런 말씀을 꺼내셨습니다.

"젊을 때 화물차를 몰았어요. 물건 갖다 주고 올 때 빈 차로 오면 기름값만 나가니 손해가 나죠. 그래서 빈 차로 오기 싫어 휴게소든 어디든 차를 대고 한없이 기다리다가 꼭 물건을 싣고 왔어요. 그러다 보니 평생 집에도 잘 못 들어가고 살았죠."

저도 아이를 키우는 아빠라 그런지 그 말 한마디가 가슴을 울렸습니다. 남편분은 제가 그곳에 있는 동안 단 한 번도 개들한테서 손을 떼지 않았습니다. 그리고 뭐라도 먹을 게 있으면 개들 입에 넣어 주었습니다. 처음에 그 모습을 봤을 때는 애정 조절을 못해서 반려견들에게 잘못된 습관을 길러 준다고만 생각했는데, 설명을 듣고 나니 젊었을 때 아이들에게 못 다 준 사랑을 지금 반려견들에게 대신 퍼붓고 있다는 걸

여전히 남아 있는 고민들

알게 되었습니다. 제가 아빠가 되어 보니, 세상에서 제일 맛있는 건 제 아들이 맛있게 먹는 음식이었습니다. 아들이 좋아하는 과자가 보일 때마다 하나씩 사서 집에 들고 가는 게 얼마나 행복한 일인지도 알게 됐습니다. 만일 아들이 좋아하는 과자를 샀는데 정작 아들을 만나러 가지 못한다면 기분이 어떨까 생각해 보니 남편분의 심정이 조금이나마 이해가 갔습니다. 가족들을 위해 힘들게 일했지만 정작 사랑하는 가족들을 맘껏 볼 수 없었으니 얼마나 힘들었을까, 자식들이 커 가는 모습을 곁에서 지켜보지 못하는 아빠의 마음은 어떤 것일까, 이런저런 생각을 하다 보니 갑자기 울컥했습니다. 사랑하는 아이들에게 맛있는 걸 마음껏 먹이지 못했던 그 아픔을 지금 반려견들에게 대신 풀고 있었던 것인데, 저는 그분을 그저 애정 조절을 잘 하지 못하는 사람이라고 쉽게 판단해 버렸던 것입니다. 그 순간 마음속에 '과연 나는 어떤 훈련사인가?'라는 질문이 떠올랐습니다. 저는 아직도 경험이 많이 부족합니다. 순간순간 경솔하게 행동하고 판단할 때도 있습니다. 그럼에도 여전히 반려견에 대해 교과서적인 지식만 쌓고 있는 건 아닌지…, 생각이 깊어집니다.

개와 잘 산다는 건 어떤 걸까요? 저는 아직도 잘 모르겠습니다.

그럼에도 개를 키우려는 당신에게

그리고, 다시

저희 어머님은 살아 계실 때 몰티즈 2마리를 키우셨습니다. 평소에도 늘 반려견들을 안고 다니셨는데, 그게 너무 좋다고 하셨습니다. 녀석들이 어머니 품에 편안하게 안겨 있는 걸 볼 때면 '아들은 허구한 날 방송이나 강연에서 개를 안고 다니지 말라고 떠드는데 정작 우리 엄마는 강아지를 품에서 내려놓지 못하니, 사람들이 알면 얼마나 비웃을까?'라는 생각이 들었습니다. 사람들이 제게 개를 자주 안아 줘도 되냐고 물어볼 때마다, 개들은 안아 주는 것을 그리 좋아하지 않는다고 얘기하면서도 속으론 '우리 어머니가 키우는 녀석들은 어머니한 테 안겨 있는 걸 좋아하는 것 같던데….' 이런 생각을 하기도 했습니다. 한번은 어머니에게 이런 잔소리를 했던 기억도 납니다.

"형욱아, 애네들 자꾸 낑낑거리는데 대체 왜 그러는 거야?"
"그렇게 계속 안고 다니면 강아지들은 더 예민해질 수 있어
요. 아, 정말 엄마! 아들이 훈련사인데 그만 좀 안고 다니세
요. 그리고 애들한테 말도 좀 그만하시고요. 그러니까 계속
낑낑대잖아요."
"너는 개통령이라면서 그런 것도 모르니? 우리 애들은 내가
이러는 거 좋아해!"

상담을 하다 보면 정말 아무것도 모르는 '왕초보' 보호자
들을 자주 만납니다. 그럼 저는 노파심에 이것도 하지 마라,
저것도 하지 마라, 이걸 조심해라, 이런 건 먹이면 안 된다 등
등 잔소리를 아주 길게 늘어놓습니다. 초보 보호자들일수록
시간이 해결해 줄 거라는 말보다는 주의해야 할 것들에 대해
구체적으로 말해 주었을 때 만족도가 높다는 것도 저의 잔소
리가 늘어난 이유 중 하나입니다.
놀랍게도 평생 반려견을 키우며 살아온 보호자가 찾아
올 때도 있습니다. 심각한 상황이 아닌 이상 경험이 많은 보
호자들은 그동안 자신이 해 오던 대로 반려견을 키우고 싶어
하지, 애써 돈까지 내면서 전문가를 찾아오지는 않습니다. 이

런 분들 중에 유독 기억에 남는 보호자 한 분이 있습니다. 그분은 제 사무실 문을 열고 들어올 때부터 느낌이 달랐습니다. 동행했던 리트리버도 아무 거리낌 없이 성큼성큼 들어왔는데, 예의 없이 문을 박차고 들어오는 게 아니라 마치 "안녕하세요!"라고 인사를 하며 들어오는 느낌이었습니다. 사무실에 들어온 녀석은 뒤를 돌아 보호자를 한번 쳐다보더니 이내 고개를 숙인 채 꼬리를 흔들면서 제게 다가왔습니다. 사무실 냄새를 맡고 난 다음 제게 인사하는 친구들은 많이 봤지만, 들어오자마자 제게 인사부터 하는 친구는 오랜만이었습니다.

반려견 상담을 하다 보면 꼭 해답을 주어야 하는 경우를 맞닥뜨릴 때가 있습니다. 하지만 잠시 관찰해 본 결과 그 리트리버는 문제가 전혀 없어 보였습니다. 가끔 반려견의 행동이 지극히 정상임에도 단지 보호자의 마음에 안 든다거나, 자신의 상황이 그런 행동을 받아 주기 힘들다는 이유만으로 반려견의 행동을 교정해 달라고 하는 보호자들도 있습니다. 이번에도 혹시 그런 경우가 아닐까 싶어 저는 살짝 걱정이 되었습니다. 하지만 제 예상과 달리 그분은 자신이 반려견에게 하는 행동이 괜찮은지 물어보았습니다. 아침에는 몇 시에 일어나서 어떤 활동을 하는지, 먹이로는 어떤 걸 주는지, 산책은 어떻게 하며, 어떤 친구들을 만나게 하는지 등등을 자세히 설

그럼에도 개를 키우려는 당신에게

명하고는 자신이 잘못하고 있는 건 없는지 하나하나 확인해 달라고 부탁했습니다.

훈련사라는 직업을 가진 저는 주로 보호자나 반려견의 잘못된 행동을 찾아내 지적하는 일에 익숙합니다. 하지만 그런 저도 정말 기분이 좋을 때가 있는데, 그건 바로 보호자에게 반려견을 정말 잘 키우셨다고 말씀드릴 때입니다. 그런 말을 들으면 보호자도 기분이 좋겠지만, 그런 말을 해 드릴 수 있는 저 또한 너무 행복합니다. 어떨 때는 좋은 보호자라고 이야기해 줄 수 있는 기회를 줘서 감사하다는 마음까지 듭니다.

저는 보호자들이 자신에게 주어진 삶 속에서 할 수 있는 최선을 다해 살아가고 있다는 걸 압니다. 그리고 자신의 반려견에게 좋은 보호자가 되려고 끊임없이 노력하고 있다는 것 또한 잘 알고 있습니다. 이 리트리버의 보호자를 만나고 새삼 느낀 것이 있습니다. 반려견을 키우는 일에 대해 조언을 받고 싶다면, 개를 잘 아는 훈련사를 찾아가는 것보다 평생 개를 잘 키워 온 보호자를 찾아가는 게 더 낫다는 겁니다. 25살 때 저는 이미 경력이 10년이나 되는 훈련사였지만, 정작 온전히 개를 키운 기간은 10년이 채 되지 않았습니다. 10년 동안 고객들의 개를 훈련시켰을 뿐, 정작 자신의 개를 10년 동안 키워 보지는 못했던 겁니다. 그리고 그 당시 저는 상대적으로 어린 나이였기에 세상을 잘 이해하지도 못했습니다. 개에 대해서는 많이 알았을지도 모르지만, 개를 키우는 사람들이 어떻게 사는지는 모른 채 보호자들과 상담을 했던 겁니다. 이웃에서 개 때문에 민원이 들어오면 얼마나 심장이 떨리는지 잘 모르면서, 산책하다가 지나가는 행인에게 험한 소리를 듣는 게 얼마나 속상한 일인지 잘 모르면서, 형편이 안 된다는 걸 알면서도 개 3마리를 키우게 된 사람의 심정이 어떤지 잘 모르면서, 반려견 10마리와 차 안에서 산다는 게 어떤 삶인지 잘 모르면서, 단지 개를 훈련시킬 줄 안다는 이유만으로 상담을 해 왔던 것입니다. 세월이 흐르고 인생의 연륜이 쌓여갈수록 저는 그동안 제가 얼마나 무지했는지 뼈저리게 느낍니다. 그리고 이제 가끔은 맞는 말이 틀린 답이 될 수도 있다는 것과, 틀린 답이 용기를 줄 때도 있다는 것 정도는 아는 어른이 되었습니다.

결혼을 했고, 아들이 태어났으며, 이사도 많이 했습니다. 대출을 왕창 받아 훈련 센터를 직접 운영하기도 했습니다. 그 일을 통해 낭만적이기만 했던 꿈 때문에 인생이 어떻게 낭비되는지도 직접 경험해 보았습니다. 평생의 꿈이었던 훈련 센터는 결국 문을 닫게 되었습니다. 그 사이 제 삶의 일부였던 '다올이'와 '레오', '첼시'가 죽고, 어머니가 남겨 놓고 간 몰

그럼에도 개를 키우려는 당신에게

티즈들마저 무지개다리를 건넜습니다. 그리고 다시 새로운 식구들이 생겼습니다. 저는 아직도 전문가로서 부족한 게 많습니다. 지금까지 쌓아 온 건 그저 '지식'뿐이었다는 반성도 하게 됩니다. 지혜와 경험까지 갖춘, 더 좋은 반려견 훈련사가 되고 싶습니다. 냉철하지만 다정하고, 뛰어나지만 지혜로운 훈련사가 되고 싶습니다.

그리고, 다시 예전으로 돌아갈 수만 있다면 저는 어머니에게 잔소리 대신 이렇게 말하고 싶습니다.

"엄마가 잘해 주니까 그 녀석들이 엄마랑 떨어지기 싫은가 보네. 이따 저랑 같이 산책이나 갈까요?"

강형욱이 추천하는
'완벽한 훈련 방법'

인구밀도가 높고, 집합 건물에 살며, 모르는 사람들끼리는 인사도 잘 하지 않는 한국 같은 나라에선 반려견들이 좀 더 예민한 편입니다. 그래서인지 짖음, 줄 당김, 분리 불안, 공격적인 행동 등 문제 행동을 보이는 반려견들이 많고, 이 때문에 힘들어하는 보호자들 또한 많습니다. 도시는 사람들에게 살기 편한 곳일 뿐, 개들에게는 결코 매력적인 공간이 아닙니다. 반려견들은 단순한 삶을 더 좋아하기에 늘 같은 냄새를 맡고, 같은 길을 걸어도 사람들처럼 빨리 질리지 않습니다.

그동안 수없이 많은 개들을 만나고 다양한 사연을 접했지만, 대부분 도시에 살고 있어서인지 고민거리는 크게 다르지 않았습니다. 그래서 대부분의 보호자들이 겪고 있는 문제들을 해결할 수 있는 방법 몇 가지를 소개해 보려 합니다. 어렵지 않으니 꼭 한번 실천해 보시길 바랍니다.

아침에 일어나자마자 밖에 나가
배변을 하게 해 주세요!

개들은 아침에 눈 뜨면 밖에 나가 배변을 하고 싶어 합니다. 아침에 일어나자마자 산책을 나가는 보호자를 만났다면 그 반려견은 진짜 복 받은 겁니다! 고급 사료? 소고기 간식? 다 필요 없습니다. 싸구려 사료든 비싼 사료든 먹으면 결국 똥이 됩니다. 반려견들에겐 그 똥을 아침에 밖에서 쌀 수 있느냐 없느냐가 더 중요합니다.

집에 있는 시간을 늘리고,
한 장소에 오래 있어 보세요!

침대를 제외하고, 소파, 부엌, 서재 등 어디든 좋습니다. 깨어 있는 상태에서 집 안 어디든 한 장소에 편안하게 있어 보세요. 예를 들어 보호자가 식탁에 앉아 책을 읽기 시작하면 계속 보호자 뒤만 따라다니던 반려견은 그 자리에 서서 보호자를 바라볼 겁니다. 보호자가 움직이지 않고 책만 보면 반려견은 이내 그 옆에 엎드립니다. 그러다 갈증이 나면 일어나서 물을 한 모금 먹고 오기도 합니다. 그리곤 보호자가 아직도 그곳에 앉아 있는지 잠시 지켜봅니다. 아무리 생각해도 보호자가 일어나 움직일 것 같지 않으면 다시 그 자리에 엎드린 채 보호자를 쳐다봅니다. 창밖에서 새소리가 나면 발코니 쪽으로 잠시 갔다가 곧 되돌아올 겁니다. 여전히 보호자가 식탁에서 책을 읽고 있는 걸 본 반려견은 다시 그 옆으로 다가가 엎드립니다. 이때 보호자가 머리라도 쓰다듬어 주면 반려견은 행복하다고 느낄 겁니다.

이 연습은 우리가 흔히 말하는 분리 불안을 예방하고 이를 어느 정도 해소해 줄 수 있습니다. 보호자가 항상 같은 곳에 있다는 걸 확인시켜 주면 반려견들도 점차 안정감을 느끼게 됩니다. 더 나아가 점점 혼자 있을 수 있게 되고, 보호자와 거리가 멀어져도 그 자리에서 기다리거나 다시 돌아가면 된다고 생각하게 됩니다. 이 훈련을 통해 보호자는 반드시 돌아온다는 믿음을 가지게 되면 반려견들은 쉽게 분리 불안을 극복할 수 있습니다.

입에 있는 것을 뺏지 마세요!

저희 반려견 '날라'는 죽은 쥐를 3번이나 먹었습니다. 한번은 날라가 운동장에서 신나게 땅을 파고 있길래 대수롭지 않게 생각했는데, 잠시 후 뭔가를 입에 넣고 잘근잘근 씹기 시작했습니다. 가까이 가 보니 놀랍게도 녀석이 씹고 있던 건 바로 쥐였습니다. 쥐 꼬리를 입에 물고 달랑달랑 흔들면서 행복해하던 날라의 표정이 아직도 생생합니다. 그 순간 저는 오만 가지 생각이 들었습니다. '혹시 쥐약을 먹고 죽은 쥐는 아닐까? 병에 걸린 쥐면 어떡하지?' 너무 걱정이 되어 구충제를 먹이긴 했는데, 어쨌든 날라는 여전히 건강하게 잘 지내고 있습니다.

'바로'가 강아지였을 때 저는 일부러 씹어도 되는 것들을 자주 주었습니다. 신발도 주고, 종이도 주고, 장난감도 주고, 줄 수 있는 건 다 줬던 것 같습니다. 저는 처음부터 안 주면 몰라도, 입에 들어간 건 절대 뺏지 않습니다. 아, 진짜 딱 한 번 뺏은 적이 있긴 합니다. 아이스크림을 포장해 오면 그 안에 드라이아이스가 들어 있는데, 제 아들이 그걸 물에 넣었을 때 연기가 나는 걸 무척 좋아합니다. 근데 날라도 이게 신기했는지 어느 날 물그릇을 넘어트리고는 그 안에 들어 있던 드라이아이스를 물고 도망쳤습니다. 너무 놀란 저는 뒤쫓아 가 날라의 입을 벌리고야 말았습니다! 이런 특수한 상황 말고, 주변에서 흔히 볼 수 있는 나뭇가지나 똥, 토사물 등은 모두 괜찮습니다. 그러니 반려견의 입에 들어 있는 건 절대 뺏지 마세요.

> 한 번쯤은 엘리베이터를 타지 말고
> 산책을 다녀와 보세요!

개들 중에는 엘리베이터가 어떤 건지 잘 아는 반려견도 있지만 그렇지 못한 반려견도 있습니다. 그 안에 들어가면 잠시 후 문이 열리고 다른 공간이 나타나니 반려견들이 이해하긴 쉽지 않죠. 가끔은 다른 사람들이 엘리베이터에 탈 때 자신의 공간에 누군가가 들이닥치는 걸로 오해하는 녀석들도 있습니다. 어쨌든 시간이 지나면 대부분의 반려견은 엘리베이터에 익숙해집니다.

개들은 집이나 무리가 휴식을 취하는 장소에서 멀리 떨어진 곳을 찾아가 배변을 하거나, 놀거나, 탐색을 하다가 다시 집으로 돌아오는 일련의 과정을 '하루'라고 여깁니다. 그런데 많은 사람들이 살고 있는 빌라나 아파트에서는 주로 엘리베이터를 이용해 출입합니다. 하지만 이를 이해하지 못하는 반려견들은 엘리베이터를 타고 밖으로 나가거나 집에 돌아갈 수 있다는 생각을 못 합니다.

동물 중에는 귀소본능을 가진 녀석들이 있습니다. 때가 되면 자신의 보금자리로 돌아가려는 행동은 선천적으로 타고나는 것이기에 본능이라고 부릅니다. 그런데 엘리베이터 같은 기계는 스스로 집을 찾아 돌아가려는 반려견의 본능을 방해합니다. 집에 돌아가기 위해 엘리베이터 앞에 서 있을 때면 반려견들은 굉장히 씁쓸한 기분이 들지도 모릅니다. 앞에 설명한 대로, 밖에 나왔다가 집으로 돌아가는 일련의 과정을 이해하는 데 공백이 생기기 때문입니다. 이건 마치 쭈쭈바를 먹을 때 뚜껑 부분에 있는 걸 안 먹고 버리는 것이나, 라면을 끓여 놓고 5분 뒤에 먹는 것 혹은 치킨을 먹을 때 미지근한 콜라를 마시는 것과 비슷합니다. 늘 무언가 2% 부족한 상황인 것이죠. 밖으로 나오거나 집으로 돌아가는 과정에서 엘리베이터라는 문제를 못 푼 녀석들은 엘리베이터 타는 걸 두려워하기도 합니다.

이처럼 반려견이 엘리베이터만 타면 짖거나, 달려들거나, 벌벌 떠는 경우 엘리베이터를 이용하지 않고 산책을 갔다가 오는 것도 좋은 방법입니다. 이때 중요한 것은 엘리베이터 자체가 아니라, 반려견이 스스로 걸어서 야외로 나갈 수 있게 해 주고, 산책 후 집으로 돌아올 때도 스스로 걸어서 돌아오게 해 주는 것입니다. 하지만 이 방법도 너무 고층에 살 경우엔 적용하기가 쉽지 않습니다. 예전에 어떤 보호자가 엘리베이터만 타면 엄청 짖어대는 푸들을 데리고 온 적이 있는데, 집이 42층이라는 얘길 듣고 마음이 무척 아팠던 기억이 납니다.

집이 너무 고층만 아니라면, 일주일에 한 번 정도 계단을 이용해 산책을 다녀와 보세요. 아마도 반려견이 무척 행복해할 겁니다. 쭈쭈바의 뚜껑에 담긴 걸 먹을 때처럼, 이제 막 끓인 꼬들꼬들한 라면을 먹을 때처럼, 치킨 한 조각을 시원한 콜라와 같이 먹을 때처럼 말이지요.

야외에서 밥을 한번 먹여 보세요!

김밥 같이 간단하게 요기할 수 있는 것과 반려견에게 먹일 음식을 챙겨 밖으로 나가 보세요. 한적한 공원에 찾아간 다음 줄은 나무에 묶어 둔 채 보호자 먼저 음식을 먹습니다. 그동안 반려견은 편안하게 놔두면 되는데, 가능하다면 엎드린 채 기다리게 하는 게 좋습니다. 다 먹고 나면 챙겨 온 사료를 꺼내 반려견에게 줍니다. 보호자는 반려견이 다 먹을 때까지 서서 기다리면 되는데, 이때 말을 걸거나, 만지거나, 흘린 사료를 주워 주거나 하는 건 금물입니다! 다 먹으면 다시 산책을 합니다. 음식을 먹은 다음이라 대변이나 소변을 볼 수도 있습니다. 산책을 마칠 무렵 다시 조금 전 밥을 먹었던 장소로 가서 잠깐 쉬었다 가면 됩니다.

어린 시절 소풍 갔던 거 기억나시죠? 소풍 날 먹었던 음식들의 맛까지는 정확히 기억나지 않더라도, 그때 느꼈던 분위기, 풍경, 햇살, 바람 냄새, 흙의 촉감 등등이 적절히 섞여 추억이라는 이름으로 남아 있을 겁니다. 그래서인지 유년 시절 좋은 추억이 많았던 동네는 잘 잊히지 않나 봅니다. 반려견은 낭만을 아는 동물입니다. 보호자와 같이 식사한 장소를 기억하고, 그걸 추억이라고 여깁니다. 우리도 자신이 사는 동네에 좋은 추억이 있으면 행복한 것처럼, 사랑하는 반려견에게도 살고 있는 동네를 좋게 기억할 수 있게 행복한 추억을 많이 만들어 주세요.

집 안에서 산책을 해 보세요!

'집 안 산책'은 제게 상담을 받으러 오는 보호자들에게 가장 많이 추천하는 훈련으로, 아주 쉬우면서도 효과는 무척 강력합니다. 특히 산책할 때 줄을 심하게 당긴다든지, 집에 있을 때 초인종이나 외부 소리에 심하게 짖는다든지, 보호자와 떨어졌을 때 분리 불안을 겪는 반려견들에게 유용한 훈련입니다. 물론 집 안 산책만으로 모든 문제 행동이 말끔히 없어지지는 않지만, 장담하건대 그전보다는 훨씬 침착해질 겁니다. 근데 문제는 훈련 자체가 너무 쉽다 보니, 꾸준히 하지 않아도 될 거라 생각하는 보호자들이 많다는 겁니다. 이런 생각을 떨치고 꾸준히 하다 보면

강형욱이 추천하는 '완벽한 훈련 방법'

진짜 큰 효과를 볼 수 있습니다.

먼저, 집 안에 있는 반려견에게 산책 줄을 매세요. 그리고 그 줄을 잡고 집 안을 이리저리 걸어 다니세요. 이게 전부입니다! 도중에 소파에 앉아 TV를 봐도 좋습니다. 단, 줄을 꼭 잡은 채 반려견이 다른 곳으로 가려고 하면 못 가게 해야 합니다. 이때 반려견이 옆에 와서 앉거나 엎드리면 잘했다고 칭찬해 주세요. 만약 식사를 하고 싶다면 줄을 잡은 채 식탁에 앉아 식사를 하면 됩니다. 줄을 잡고 있는 게 불편하다면 줄을 엉덩이로 깔고 앉은 채 식사를 해도 됩니다. 이때 반려견이 옆에 얌전히 앉아 있다면 다시 칭찬해 주세요.

이렇게 간단한 훈련이 강력한 효과를 지니는 이유는, 집 안처럼 자유롭게 행동할 수 있는 곳에서도 규칙을 지키게끔 하기 때문입니다. 사람들도 밖에 나가면 예의를 더 잘 지킵니다. 나를 지켜보는 시선들이 많기 때문입니다. 실제로 어떤 사람들은 책 자체보다 다른 사람들에게 책 읽는 모습을 과시하려고 독서를 한다고 합니다. 반려견들도 이와 비슷하게 주변의 시선을 의식합니다. 하지만 사람들처럼 부자나 똑똑한 사람으로 보이고 싶어서가 아니라, 자신의 행동이 다른 반려견들의 오해를 불러 다툼이 생기는 걸 막기 위해서입니다.

집 안에서 줄을 매면 무조건 밖으로 산책을 나갈 거라 생각하며 줄을 당기는 반려견들도 있습니다. 근데 줄을 매고도 밖으로 나가지 않으니 초반에는 실망하는 기색을 보입니다. 하지만 이 훈련을 꾸준히 하다 보면 반려견들도 더 이상 줄을 당기지 않고 보호자를 따라다니는 것에 익숙해집니다.

만약 분리 불안을 겪는 반려견이 있다면, 집 안 산책 도중 줄을 커다란 가구 같은 것에 묶어 두고 보호자와 살짝 떨어져 있는 훈련을 해 보는 것도 좋습니다. 줄을 묶어 둔 채 물을 한 잔 정도 마시고 오면 됩니다. 반려견이 적응했다 싶으면 다음엔 줄을 묶어 둔 채로 식탁에서 커피를 한 잔 마시거나 간단한 집안일을 해도 좋습니다. 이런 식으로 보호자가 집 안 어디에 있다는 걸 아는 상태에서 잠시 강제로 분리되는 연습을 하면 반려견도 차츰 보호자와 떨어져 있는 것에 익숙해질 수 있습니다. 집 안 산책은 꼭 일주일에 3~4회 정도 꾸준히 해 주세요!

산책 중에 낯선 사람과 인사를 나누어 보세요!

반려견이 모르는 사람과도 인사를 잘하고 낯선 반려견에게도 적대심을 보이지 않길 바란다면 보호자가 먼저 낯선 이들에게 인사를 해 보세요. 보호자가 낯선 사람들에게 다정하게 행동하면 반려견의 사회성은 좋아질 수밖에 없습니다. 어쩌면 이건 너무 당연한 일일지도 모릅니다. 사실 우리는 어릴 적부터 타인에게 친절하게 행동해야 한다고 배웠지만 생각만큼 낯선 이들에게 다정하게 굴지는 않는 것 같습니다.

물론 반려견이 보호자의 행동을 보고 똑같이 따라 할 수는 없습니다. 하지만 보호자의 감정을 이해하고 공감하는 과정을 통해 생각보다 더 많은 영향을 받습니다. 낯선 이와 인사를 나눈 후 할 수만 있다면 간단한 대화를 나누어 보세요. 가볍게 미소 지으며 날씨 이야기 같은 걸 해 보는 겁니다. 이런 문화가 없는 한국에선 쉽지 않은 일일 수도 있지만 어쨌든 보호자가 이런 모습을 보인다면 반려견들은 차츰 낯선 이들을 편하게 느끼게 될 겁니다. 산책 도중 만난 낯선 사람과 다정하게 대화를 나누는 것이야말로 반려견의 사회성을 키우는 가장 간단한 방법이자 가장 강력한 훈련법입니다.

그럼에도
개를 키우려는
당신에게

1판 1쇄 인쇄 2025년 1월 02일
1판 1쇄 발행 2025년 1월 15일

지은이 | 강형욱
펴낸이 | 이정훈·정택구
책임편집 | 박현아
펴낸곳 | (주)혜다
출판등록 | 2017년 7월 4일(제406-2017-000095호)
주소 | 경기도 고양시 일산동구 태극로11 102동
대표전화 | 031-901-7810
팩스 | 0303-0955-7810
홈페이지 | www.hyedabooks.co.kr
이메일 | hyeda@hyedabooks.co.kr

인쇄 | (주)재능인쇄

저작권 ©2025 강형욱
편집저작권 ©2025 (주)혜다

ISBN 979-11-91183-34-4 03490